城市地下空间开发对城市微气候的影响

杨晓彬　赵子维　马林建　○著

The Impact of
URBAN
UNDERGROUND
Space Development on Urban Microclimate

U0173860

北京大学出版社
PEKING UNIVERSITY PRESS

图书在版编目（CIP）数据

城市地下空间开发对城市微气候的影响 / 杨晓彬，赵子维，马林建著. —北京：北京大学出版社，2023.11
ISBN 978-7-301-33984-8

Ⅰ．①城⋯ Ⅱ.①杨⋯ ②赵⋯ ③马⋯ Ⅲ．①城市空间—地下建筑物—开发—影响—城市气候—研究 Ⅳ．① P463.3

中国国家版本馆 CIP 数据核字（2023）第 080395 号

书　　　名	城市地下空间开发对城市微气候的影响 CHENGSHI DIXIA KONGJIAN KAIFA DUI CHENGSHI WEIQIHOU DE YINGXIANG
著作责任者	杨晓彬　赵子维　马林建　著
策 划 编 辑	刘国明
责 任 编 辑	罗丽丽
标 准 书 号	ISBN 978-7-301-33984-8
出 版 发 行	北京大学出版社
地　　　址	北京市海淀区成府路 205 号　　100871
网　　　址	http://www.pup.cn　　　新浪微博：@ 北京大学出版社
电 子 邮 箱	编辑部 pup6@pup.cn　　　总编室 zpup@pup.cn
电　　　话	邮购部 010-62752015　　发行部 010-62750672　　编辑部 010-62750667
印 刷 者	北京虎彩文化传播有限公司
经 销 者	新华书店
	720 毫米 × 1020 毫米　16 开本　13 印张　248 千字
	2023 年 11 月第 1 版　2023 年 11 月第 1 次印刷
定　　　价	88.00 元

序
PREFACE

中国的第十四个五年规划和2035年远景目标纲要为应对气候变化制定了明确的时间表：2030年前实现碳达峰，争取2060年前实现碳中和。地下空间的开发建设与减少碳排放、应对气候变化挑战密切相关，应能对碳达峰、碳中和的实现发挥重大作用。

城市地下空间开发利用，具有节约城市土地、增大地面绿化景观、拓展城市开敞空间、减少城市污染、改善城市人居环境等多方面的优势。近年来，城市地下空间开发在我国各大城市的建设规模不断增加，而保护和改善环境、解决城市微气候的恶化正是城市地下空间开发的主要动因之一。

科学研究是很严肃、很严谨的事情。长期以来，城市地下空间开发对城市环境影响的实效作用和对城市气候系统的影响大多停留在定性研究阶段，地下空间对城市生态环境影响的系统的、量化的研究成果在地下空间开发利用领域迄今还存在空白。

杨晓彬、赵子维、马林建3名地下工程领域的年轻学者瞄准国家战略所需、关注学科研究前沿，借鉴城市气候学、城市规划与建筑学融合交叉领域的研究成果，将城市微气候概念引入地下空间研究领域，建立了以城市微气候指标为量化参数的地下空间开发对城市生态环境影响的科学研究系统，实现了城市地下空间对城市环境、城市微气候影响作用的量化研究的突破，在地下空间领域开拓了新的研究方向，做出了有意义的努力。

这本书全面归纳了城市地下空间开发对城市微气候影响的正负面效应与作用机制，利用城市形态学的理念构建了城市地下空间开发的单元模型，视野开阔；通过大规模模拟计算归纳了量化数据，所用技术与方法先进；得出的数据、总结的规律为城市地下空间开发对城市微气候的影响提供了有效的量化支撑。

我同意作者的观点，这个方向的研究才刚刚起步，还有很多、很难、很复杂的问题需要深入研究、继续攻关。我希望 3 位年轻学者再接再厉，把科学家精神传承好，把地下工程的研究做好！

我很乐意为本书作序。

国家最高科学技术奖得主
"八一勋章"获得者
中国工程院首批院士

前 言
FOREWORD

本书探讨了城市地下空间（以下简称"地下空间"）开发对城市微气候的影响规律及理论含义，主要结合城市规划与城市问题研究领域的最新成果及交叉学科发展前沿——城市规划、建筑科学及城市气候学的研究成果，将城市微气候问题引入地下空间学科领域，实现了地下空间开发对城市生态环境影响的量化研究的突破，目的在于以城市微气候指标作为量化参数，探索地下空间开发对城市环境的影响机理、影响因素与影响规律。

本书在分析城市能量平衡系统及城市微气候原理的基础上，从地下空间开发对城市形态要素的影响、地下空间开发对城市下垫面构成的影响、地下空间内部环境质量控制对地面环境质量的影响三个方面，分析了地下空间开发对城市微气候的影响，并开展了四个方面的研究：地下空间开发与城市微气候的关联性研究、地下空间开发区域城市微气候的实验研究、地下空间对城市下垫面及城市微气候的影响研究、地下空间对城市形态及城市微气候的影响研究。

本书的出版得到中国岩石力学与工程学会地下空间分会的支持，受资助于国家自然科学基金项目"基于动态负荷的城市高密度地区防灾空间解析与规划应对（项目批准号：51608527）"和"盐岩屈服后强度与变形参数演化规律及物理机制研究（项目批准号：51774295）"。

本书由杨晓彬、赵子维、马林建编著，并得到国家最高科学技术奖得主钱七虎院士、全国工程勘察设计大师陈志龙教授的悉心指导。对各位专家学者的支持和帮助，在此谨表诚挚的谢意。

感谢北京大学出版社对本书出版发行的大力支持及所做的辛勤工作。

由于时间和水平有限，书中难免有不足之处，敬请广大读者不吝指正。

杨晓彬

2023 年 5 月

目 录
CONTENTS

第 1 章

绪　　论

本书探讨了地下空间大规模开发背景下所形成的城市地上地下一体化空间形态对城市微气候的影响规律及理论含义。

1.1　研究课题的提出

城市化是中国 21 世纪社会经济变化最重要的特征之一。随着人口与资源的聚集、城市规模的不断扩大，造成了土地利用和土地覆盖的变化，大规模土地利用和土地覆盖的变化影响并改变了城市生态系统的结构，引起了诸如城市热岛效应、非点源污染、大气污染、生物多样性降低等一系列生态环境问题，并且危害了人类的健康。

以城市热岛为代表的城市微气候问题已经引起了公众、政府和科学家们的广泛关注。针对城市热岛和区域热环境的影响因素，国内外都进行了大量的研究，研究内容由单纯的热环境专业研究发展到与城市规划、建筑设计等学科的交叉融合研究，具体对城市规模、城市密度、建筑形态、城市绿化、城市形态、人口出行、下垫面属性等城市要素与微气候的影响关系进行了研究，并走向定量化研究，成为城市气候学、城市规划与建筑学科交叉研究领域的热点问题[1]。

由于城市化发展的压力，在解决城市发展与环境问题上具有特殊优势的地下空间在我国各大城市的开发规模越来越大，受到越来越多的重视，成为我国城市解决环境恶化的重要选择。地下空间开发规模的扩大及地下空间系统的形成，造成城市地面空间形态、建筑形态、下垫面属性的改变，这些都会影响城市微气候指标的改变。

在此背景下，研究并明确地下空间开发利用对城市微气候的影响机理、影响效果及影响规律，建立基于微气候优化的地下空间规划与设计策略，能够指导地下空间的开发决策，对城市的可持续发展、城市规划理论的发展、地下空间的开发与建设都具有重要意义。

现实意义：城市土地资源稀缺背景下的地下空间大规模开发能够有效改善城市微气候的恶化问题。

在我国快速的城市化进程中，由于城市下垫面结构的改变，以及交通排热、建筑排热等因素的影响，城市微气候的逐渐恶化成为突出的问题。尤其近年来中国城市热岛效应显著，高温天气出现的天数逐渐增多，呈现出持续时间长、影响范围广的特点。根据中国天气网 2000—2019 年的气象大数据分析，我国城市在夏季频频出现高温预警，多地最高气温突破历史极值。例如，重庆在此期间的夏季（6~9 月）共出现 688 天 35℃以上的高温天气，其中 58 天的最高气温超过 40℃。表 1-1 统计了我国 2014 年 7 月主要城市高温天数。

表 1-1　我国 2014 年 7 月主要城市高温天数统计

序号	城市	2014 年 7 月	常年 7 月	2014 年 7 月最高温
1	福州	20 天	15.3 天	37.9℃（11/12 日）
2	西安	16 天	9.3 天	40.6℃（22 日）
3	重庆	16 天	10.9 天	40.4℃（30 日）
4	长沙	14 天	12.9 天	38.0℃（22 日）
5	郑州	12 天	4.7 天	39.7℃（21 日）
6	杭州	12 天	14.4 天	37.9℃（22 日）
7	南昌	12 天	12.9 天	37.2℃（11/21/23 日）
8	广州	11 天	6.3 天	36.6℃（6 日）
9	武汉	8 天	10.3 天	37.1℃（22/23 日）
10	合肥	7 天	7.5 天	37.7℃（23 日）
11	石家庄	7 天	6.4 天	37.4℃（11 日）
12	银川	6 天	1.2 天	37.5℃（30 日）
13	北京	6 天	3.8 天	36.3℃（11 日）

续表

序号	城市	2014 年 7 月	常年 7 月	2014 年 7 月最高温
14	济南	5 天	5.1 天	37.6℃（11 日）
15	天津	5 天	3.1 天	36.8℃（14 日）
16	南宁	5 天	5.9 天	36.5℃（23 日）
17	南京	5 天	7.6 天	36.5℃（22 日）
18	上海	5 天	7.6 天	36.1℃（12 日）
19	海口	4 天	6.5 天	36.5℃（5 日）
20	成都	4 天	0.5 天	35.6℃（22 日）
21	乌鲁木齐	2 天	2.1 天	36.7℃（23 日）
22	兰州	2 天	1.5 天	35.6℃（29 日）

目前普遍在城市规划、设计和城市改造的过程中，选择高效美观的绿化形式、植物搭配及水景设置等来改变城市的下垫面属性和建筑形态，通过传导、辐射、对流等作用改善室外微气候。然而，强度越来越大的城市建设造成了城市发展用地严重不足的问题，城市地面空间容量接近饱和（图 1-1），建筑密度过大、容积率过高导致城市用地紧张，在城市开放空间和开发用地越来越成为稀缺资源的现状下，通过改变用地属性提高绿化率、降低建筑密度和容积率来改善城市环境、降低城市热岛效应的办法，将面临越来越多的制约。

图 1-1　高强度的城市建设

　　根据第七次全国人口普查结果，2020 年中国城市化率达到 63.89%，城市常住人口超过 9 亿人。预计到 2035 年中国城市化率将超过 75%。城市人口增加所需的生态空间和生活空间都以可耕地为依托，现在城市地面用地的使用程度已经饱和。北京、上海等大城市人均路面占有量还不到 7m²，省会城市地面交通开拓已无多大潜力可以挖掘，若继续拓展城区面积、提高城市密度、增加建筑高度，只会加剧城市环境恶化的情况。

　　从出现之始就将功能目标定位于解决城市问题的地下空间开发利用，具有节约城市土地、增大地面绿化景观、拓展城市开敞空间、减少城市污染、改善城市人居环境等多方面的优势。近年来，地下空间开发相继在我国各大城市开展起来，并且开发量以年均 20% 的速度增加 [2]。保护改善城市环境已成为目前地下空间开发的主要动因之一。随着人们对生态环境的重视，近几年召开的一系列国际地下空间学术会议（IACUS2019、IACUS2021、ACUUS2018、ACUUS2020 等）均强调地下空间开发对城市环境的保护作用，并设有地下空间开发与城市环境专题论坛。

　　国际上众多国家面对城市规模不断扩大、城市生态环境恶化与城市发展需求的矛盾，已将地下空间开发作为解决以上问题的重要措施，对地下空间进行了大规模的开发利用，将原有城市功能放到地下，对节省出来的土地进行城市景观建设，取得了显著的改善城市环境的效果。例如，著名的美国波士顿中央大道改造工程（Central Artery /Tunnel Project，CA/T），将原 6 车道的中央高架大道拆除，对地面进行了大规模的更新改造，建设了大面积的城市绿地，在原高架大道位置之下修建了地下快速路与水下隧道以满足城市交通需求，工程竣工后，快速路拥堵时间从 10 小时缩短到 2 小时，降低了城市 12% 的 CO_2 排放量（图 1-2 所示为 CA/T 项目地下空间研发前后的城市环境对比）。此外，东京地下快速路"中央环状新宿线"于 2007 年 3 月通车之后，有效缓解了城市中心地区的交通拥挤，并减轻了市内环境污染问题，每年减少了 2.5 万吨 CO_2、16 吨烟尘颗粒和 160 吨 NO_x [3] 的排放量。

　　钱七虎、童林旭、陈志龙等国内地下空间领域的学者指出地下空间是减少我国城市污染、改善城市环境、节省土地资源、降低城市密度的有效途径，是建设绿色、宜居城市的重要手段。因此，为了节省土地资源、减少城市污染、

图 1-2 CA/T 项目地下空间研发前后的城市环境对比

改善城市环境、建设绿色生态城市，国内地下空间的开发规模越来越大，呈现快速增长趋势。2021 年，我国城市地下空间新增建筑面积约 2.83 亿平方米；截至 2021 年底，我国城市地下空间累计建设达 27 亿平方米（图 1-3）。

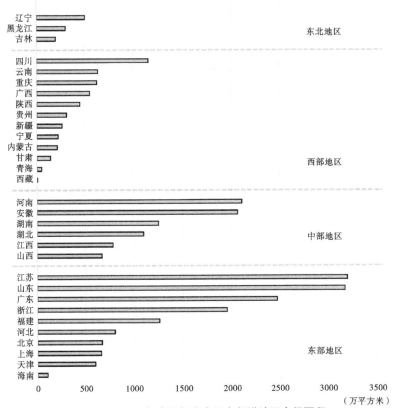

图 1-3 2021 年我国部分省区市新增地下空间面积

理论意义：城市微气候研究指标的引入能够实现地下空间开发对城市生态环境影响实效与作用规律的量化突破。

随着地下空间开发规模的日益扩大，地下空间对城市生态环境的影响应当成为城市研究领域受到关注的问题。但是，在地下空间的研究领域，人们主要注重于地下空间解决城市规划与城市建设等规划与工程层面的研究，缺少对城市环境问题的关注。少数对于地下空间开发对城市生态环境影响的研究还处于起步阶段，大部分研究都采用理论论述与定性分析的方法，对于地下空间开发利用对城市环境的影响机理、影响效果及影响规律都没有进行针对性的研究。

此外，地下空间对城市的影响作用分布于城市地上地下立体融合系统的各项要素之中，地下空间开发对城市影响的实效作用，以及对城市的系统影响很难进行精细化的明确研究。因此，国内外到目前为止还未能在地下空间开发对城市系统的影响实效方面制定出系统有效的评价机制与研究体系；对于城市地下空间开发可以在城市生态环境上起到的积极作用及可能产生的消极影响，还未有系统精确的论述；用来衡量城市地下空间开发对城市环境作用成效的评判标准还未研究制定，地下空间对城市生态环境的量化成果和有效措施研究在地下空间开发利用领域迄今还存在空白。

在国内外建筑科学、城市规划和城市气候学等学科的交叉领域，城市形态、城市设计、城市景观等因素对城市微气候造成的影响已经成为热点研究。关于微气候方面的研究已经从微观尺度（房间和建筑尺度）和宏观尺度（城市和城区尺度）向中等尺度（城市街区和建筑组团尺度）扩展，现有的相关研究开始关注于中等尺度气候、城市结构、城市肌理、建筑形态等城市形态指标对城市风环境、空气质量、热岛效应、城市光环境等方面的影响。2012 年出版的国家自然科学基金委员会与中国科学院联合编写的《未来 10 年中国学科发展战略（工程科学）》，对于"绿色城市和建筑设计理论和方法"的研究前沿和重要科学问题有以下论述 [4]：围绕可持续性的城镇建筑环境营造目标，在设计理论和方法上贯彻低碳节能和环境友好的思想，遵循和贯彻环境舒适性科学原理，融合特定的生物气候条件和地域特征，应用适宜和可操作的技术，做出有效的城市设计和建筑设计。由此可见，对于城市规划学、建筑学和城市环境、气候学等学科的融合与研究，是城市规划与建筑学科发展的一个重要方向。

借鉴城市气候学、城市规划与建筑学的融合交叉领域研究成果，将城市微气候问题引入地下空间与城市生态环境研究领域，梳理和明确地下空间对城市微气候的影响效应与正负面影响作用机制，研究地下空间与城市微气候之间的内在关联性，以地下空间规划设计要素与城市微气候指标之间相互影响和变化的规律为核心研究问题，则能够建立以城市微气候指标为量化参数的地下空间开发对城市生态环境影响的科学研究系统，完成地下空间对城市生态环境影响作用的科学、量化的研究突破。

实践意义：基于城市微气候优化的地下空间规划与设计策略的建立，能够有效指导地下空间的开发与建设。

城市微气候与大气环境、城市密度、城市肌理、建筑形态、建筑物材料、街区层峡指标、下垫面属性等多种城市形态因素有关，受到太阳辐射、城市风环境、人工排热等因素的综合作用，而城市地下空间的开发，能够改变城市空间形态，丰富绿地、水体等城市下垫面构成，从而调节城市微气候尤其是地下空间开发区域微气候环境，达到优化城市微气候、降低城市热岛效应的目的。

研究地下空间开发与城市微气候之间的影响机理与规律，确定地下空间规划、设计要素与城市微气候指标之间的量化规律，能够发展地下空间规划设计理论与方法，揭示地下空间开发区域城市微气候的长时间形成、变迁、演化规律，并在此基础上实现寻求通过地下空间开发改善与控制城市微气候、城市热岛效应的原理和方法，建立地下空间开发对城市微气候影响的评价方法和技术标准，为实现以城市微气候改善为基础导向的地下空间开发与建设提供可能。

基于以上分析，针对我国地下空间规模开发的现状，在国内城市化快速发展与环境问题日益严峻的背景下，跟踪国内外城市规划及城市问题研究领域的最新成果及交叉学科发展前沿——城市气候学、城市规划与建筑学的研究成果，将城市微气候问题引入地下空间学科领域，提出地下空间开发对城市微气候影响的研究课题，能够以城市微气候指标作为量化指标和突破点，完成地下空间开发对城市生态环境的影响机制、影响因素及量化评价的系统研究，进而指导地下空间规划与设计指标和策略的制定，促进地下空间建设对城市生态环境的改善作用。

1.2　研究目的

研究目的为明确地下空间开发与城市微气候的关系，用量化成果指导地下空间的规划与设计。

（1）建立地下空间对城市微气候的影响理论，同时建立地下空间开发对城市生态环境的影响机制、影响因素及量化评价的研究切入点。

（2）构建地下空间－地面空间－城市微气候整体模拟系统，实现为研究提供实验平台、为具体工程项目提供仿真工具的双重目标。

（3）确定地下空间规划与设计主要参数与城市微气候指标之间的量化关系与规律，探索通过地下空间开发改善城市微气候的方法与策略。

1.3　研究背景

微气候（microclimate），有别于大气候（macroclimate），指的是空间上与地表直接接触的近地面空气层，是动植物赖以生存的气候环境。每个城市都具有其独特的微气候，但也与大区域和全球气候相联系。从垂直角度看（图1-4），城市边界层（UBL）为地表向上延伸的2～3km，城市冠层（UCL）是从地表到建筑顶部高度的垂直区域。在城市边界层之上，大气被宏观尺度的变化过程所影响，对地表附近的变化反应比较迟钝，在城市边界层之下，城市建成区的性质对城市边界层以内的大气层气候有着决定性的影响，微气候现象就发生在这个有限的空间中。

因为城市冠层内在的异质性，所以在任何一个城市空间内都会形成一个独特的微气候，这个城市空间周边的物理性质、城市与区域的环境决定着微气候，可以使用气温、风速、湿度、辐射平衡和其他气候指标来表达微气候。城市空间的构成、城市表面材料的热学性质和光学性质、景观植被的使用状况都是设计参数，我们可以利用这些设计参数来调整微气候。因为城市与建筑设计可能

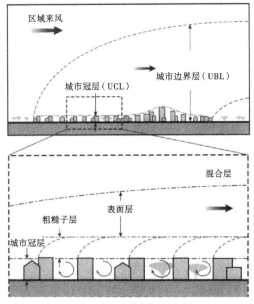

图 1-4 城市微气候系统示意图

对室外热舒适和建筑能量荷载产生局部影响，所以城市微气候成为城市规划与建筑学专业的研究课题。由于城市微气候与人们生产、生活的相关性较大，是关系城市生活环境、城市规划发展、局地气候变化乃至全球变暖的重大问题，也是当今城市气象研究中的一个热点课题。

快速城市化造成了土地利用和土地覆盖的变化，引起了诸如城市热岛效应、非点源污染、大气污染、生物多样性降低等一系列的生态环境问题，未来地球生态系统将愈来愈受到城市化发展步伐和模式的影响。因此，城市微气候问题日益受到重视。关于城市微气候方面的研究已经从微观尺度（房间和建筑尺度）和宏观尺度（城市和城区尺度）向中等尺度（城市街区和建筑组团尺度）扩展，现有的相关研究开始关注于街区层峡①、下垫面构成、城市密度、城市形态、布

---

① 街区层峡是用来描述城市形态的最普遍使用的模型之一。街区层峡是指一个城市线性的空间，如一条街，街道两侧由垂直的元素围合，如相邻建筑的墙壁。作为一种城市形态几何模型，街区层峡可以表达为构成城市表面的重复模块，也可以表达为城市地面上的人活动所占据的空间。街区层峡的几何模型如图 1-5 所示。其中，高宽比 H/W 表示街区层峡的截面比例，街区层峡的轴向 θ 表达了空间延伸的方向，天空视域因子（sky view factor，SVF）用来描述街区层峡的截向比例：$\mathrm{SVF} = \cos\beta$，$\beta = \tan^{-1}(H/0.5W)$。

局结构、建筑体量等城市规划设计指标对城市空气流动方式、城市空气质量、城市热岛效应、城市日照等方面的影响，如城市热岛效应问题、城市近地层的逆温层与城市污染等。

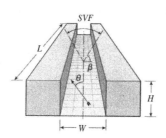

图 1-5　街区层峡的几何模型

在诸多城市微气候指标中，城市热环境问题是城镇化影响区域微气候问题最突出的表现。城市热岛（UHI）效应是 19 世纪初 Howard 在对伦敦进行观测时发现的（图 1-6），城市热环境与城市面积、城市功能、城市规模、城市人口、热能排放与城市密度成正比。由于城市绿地、植被和水面等生态要素的不合理布局，城市的裸露地表面积越来越大，导致城市的近地层经常出现逆温层现象，是形成城市灰霾的气象条件之一。

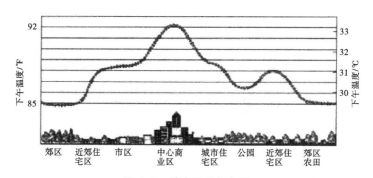

图 1-6　城市温度分布图

城市微气候的恶化产生一系列城市环境问题，如城市能耗的增加、居住环境舒适度的降低、城市居民身心健康的恶化、城市气候的反常、大气污染的增加等。

由于城市微气候的问题是由城市系统能量、物质、空间各要素系统集聚而引起的，故在进行城市规划和景观绿化设计的过程中，通过改变建筑布局的方式、景观绿化设计因子、植被或道路等下垫面因子，可以调节和优化室外微气候；由于微气候与人们生产、生活的相关性较大，目前已成为城市规划、建筑学与城市气候学研究的热点问题。

1.4 国内外城市微气候研究分析

由于室外微气候质量越来越受到重视，针对城市微气候及其影响因素，国内外都进行了大量的研究，且取得了一系列的研究成果。

在研究技术与方法方面，主要可归纳为三类：①现场测试与遥感技术；②风洞与实验室分析；③理论模型与 CFD 仿真技术。

对微气候的研究不能只局限于对温度、湿度、太阳辐射和风速等常规气象参数的观测，还要随着城市与建筑微气候环境的耦合模拟方法、卫星遥感等先进研究技术、研究手段与科学工具的广泛应用，以及流体力学模型研究的不断深入，利用计算流体力学技术、气象卫星、地理卫星等先进技术手段为城市气候领域研究提供更多的数字化工具和方法。已有众多研究采用卫星遥感、遥控小飞机、红外摄像机和自记仪等新方法或高科技设备来观测一个住宅小区、一座城市甚至是一个国家的热岛强度。

在研究内容方面，城市微气候研究领域主要关注城市规划及设计要素与微气候指标之间的关系。

在城市微气候研究领域，城市街区、建筑密度、人口、下垫面属性、城市形态、城市肌理等要素与城市微气候指标之间的关系成为研究的重点[5]。经过长期的观察和实验研究，城市规划与设计要素和微气候指标之间的内在关联性与影响因素逐渐被揭示。

室外微气候除城市上空大气环境为主要影响因素以外，它与建筑布局、建筑形态、建筑材料及城市下垫面属性等多种因素有关。城市上空大气环境中的传热传质和空气流动现象又非常复杂，受人为排热、太阳辐射、城市风场等因素的综合影响。相关的城市能量交换包括太阳辐射、风场流动、建筑物与下垫面的长波辐射、空气对流的热交换、建筑物与下垫面的固体导热与蓄热、人体散热、绿植蒸腾、降雨、水体蒸发的传质过程等[6]。

但是分析总结目前的研究可以发现,现阶段研究多从热工学、气象学、建筑技术角度进行,其研究方法、研究成果的形式也多以技术科学为主,缺乏从建筑学与城市规划专业角度的分析研究,更缺乏综合应用多学科交叉知识进行的研究。而对于地下空间学科则需要有更高的研究切入门槛。

1.5 地下空间与城市微气候的研究现状

国内外关于地下空间对城市微气候的影响还缺少系统性、理论性的研究,地下空间对城市微气候的影响机理和规律研究迄今还处于空白领域。

美国对波士顿中央大道改造工程项目造成的环境影响从 20 世纪 70 年代起开始评估,出版了一系列环境评估报告,针对该项目对空气质量、PM 值、城市噪声、碳排放、NO_x 和 CO_2 排放的影响,从理论研究、仿真模拟、风洞试验和现场实测等方面进行了系统、全面的量化评估[7];澳大利亚国家健康和医学研究委员会(NHMRC)对澳大利亚国内的隧道内部及隧道周边的空气质量和噪声等方面的数值进行了实验测量,并出版了研究报告[8]。

在国内,南京大学的刘红年等对城市隧道汽车废气排放对环境的影响进行了实验研究和模拟分析,并对南京鼓楼隧道汽车排放对环境的影响进行了监测[9];同济大学的王军等对城市长大隧道集中排放的环境影响进行了分析[10];北京工业大学的郭强对城市地下道路废气排放口污染物扩散特性进行了研究[11]。

此外,解放军理工大学姜晔等对城市地下空间开发项目的环境社会效益、城市地下交通减少城市机动车污染的环境效益进行了系列研究,建立了地下空间开发、地下道路对城市环境影响的系统动力学模型和环境社会效益理论模型[12]。

总结国内外研究现状可以发现,在地下空间领域的研究中,研究方法主要集中在实验测量和数值模拟方面,研究对象主要集中在隧道(地下道路)对城市空气质量的影响方面，研究成果较少且多为评估报告，缺少从地下空间专业角度出发的对城市微气候影响的系统的、全面的理论研究。

1.6 研究内容

1. 地下空间对城市微气候的影响机理研究

（1）根据城市能量平衡及城市能量交换原理，分析城市地下空间开发对城市辐射、对流的感通热量、潜热通量、热存储、人为热、空气对流等城市能量系统因子产生影响的要素，确定地下空间开发与城市微气候之间的因果关系。

（2）基于城市形态学和城市气候学的成果，从城市地面空间与地下空间相互作用一体化发展的视角，进行地下空间开发对城市微气候正负面影响效应分析，研究与确定地下空间对城市微气候的影响机理，并确定关键研究问题。

2. 地下空间开发区域城市微气候的实验研究

对地下空间开发区域及下沉空间形态进行微气候实测实验，通过实验数据掌握地下空间的微气候特征；并利用实测数据采用模拟软件进行对比校验，验证其模拟精度与准确度是否满足对地下空间开发分析模型进行数值计算的要求。

3. 地下空间关键要素对城市微气候指标影响的量化模拟研究

通过分析地下空间关键要素与城市微气候指标的相关性，进行大规模的量变模拟实验和真实城市系统地下空间开发模拟实验，完成地下空间关键要素（下垫面构成、开发量、布局方式）对城市微气候评价指标（风场、温度、相对湿度、热环境及热舒适指标）的影响的量化分析，得到以地下空间关键要素为变量的城市微气候指标影响规律，确定以城市微气候改善为目的的地下空间开发要素优化策略，并对理论分析的结果进行验证和反馈。

1.7 研究方法

地下空间与城市微气候的研究是新的研究领域，涉及多学科知识，需要站在交叉学科的基础上，借鉴已有各学科的研究成果，以综合的现场实测、数字化技术结合理论分析进行研究，注重发挥每种研究手段的特长，并充分发掘其相互关系，使之成为一个整体、系统的研究方法。

本书为了高精度定量地评价地下空间开发影响城市微气候的各个因素，使用了实验技术与理论研究相结合的方法，即用现场实测的方法先总结客观变化规律，对比理论分析的预测结果，再用模拟软件分析模型进行验证，进而修正理论分析模型。

1. 研究初始阶段：理论分析与现场实测

（1）理论分析。研究地下空间与城市微气候之间的相互影响关系，确定地下空间与城市微气候之间的关联性因子。

（2）现场实测。完成地下空间开发区域城市微气候现场实验及热舒适度调研，通过对实验数据的分析，掌握地下空间规划设计因素与城市微气候参数的关系。

2. 研究基础阶段：构建仿真实验

（1）数值模拟软件的校验。选择适宜的软件工具，基于实测的城市微气候数据，进行准确度与精度的校验。

（2）仿真实验和结果分析方法的构建。确定仿真实验的分析方法和仿真步骤，设定仿真条件。

（3）研究要素与基本单元模型的构建。确定研究案例与研究要素的构成，以及用于数值模拟的基本单元模型。

（4）仿真实验方案的构建。在基本单元模型基础之上建立研究模型系统，构建地下空间 – 地面空间 – 城市微气候整体仿真模拟方案。

3. 研究重点阶段：基于仿真模拟实验的量化分析

结合实验数据及仿真模拟实验结果，完成地下空间开发要素（开发量、功能属性、下垫面属性、开发模式、开发深度）对城市微气候评价指标〔风场、温度、相对湿度、平均辐射温度（mean radiation temperature，MRT）、热强度指标及热舒适〕的影响的定量系统研究。

4.研究总结阶段：以地下空间开发实践为导向的理论构建

对地下空间关键要素与城市微气候的内在关联性进行分析，建立地下空间关键要素与城市微气候指标的影响规律，构建以改善城市微气候为目的的地下空间规划与设计策略。

1.8　课题的创新点

（1）将城市微气候问题引入地下空间学科领域，提出地下空间开发对城市微气候影响的研究课题，实现地下空间开发对城市生态环境的影响机制、影响因素及量化评价的突破。

（2）从城市规划专业角度出发，完成地下空间开发各要素对城市微气候评价指标的影响的定量系统研究，并制定以微气候优化为目标的地下空间规划与设计策略，指导地下空间开发实践。

（3）综合利用现场实测、城市微气候理论分析、计算机耦合模拟三种研究方法，实现理论研究、实验测量、数值模拟的相互支持和验证。

1.9　研究框架

课题的研究框架如图 1-7 所示。

1.10　技术路线

课题的技术路线如图 1-8 所示。

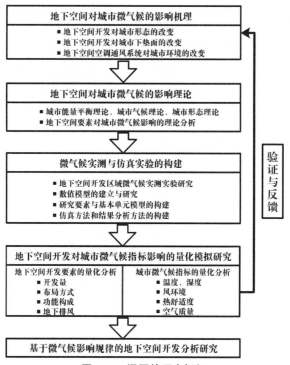

图 1-7 课题的研究框架

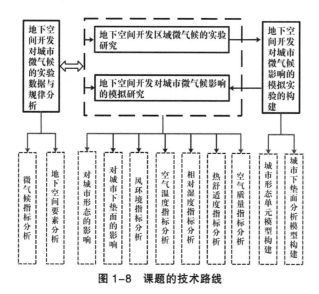

图 1-8 课题的技术路线

第 2 章

地下空间开发与城市微气候的
关联性研究

2.1　城市的能量平衡

若要分析地下空间开发对城市微气候的影响，首先就需要了解城市系统能量交换的基本原理，以及城市环境要素如何影响城市的能量平衡。

2.1.1　城市能量平衡公式

如图 2-1 所示，城市能量平衡一般看成局部中等尺度现象，城市区域表达为具有肌理的表面，可以用这种表面的平均属性（如空气动力学粗糙度或反照率）来描述，可以定量计算表面和大气层之间的能量转换，或模拟城市冠层以上的通量，模拟的高度充分保证这些通量可以代表整个城市区域的高度。根据以上性质，城市地区表面能量平衡的一般形式表达如下[13]。

$$Q^* + Q_F = Q_H + Q_E + \Delta Q_S + \Delta Q_A \qquad (2-1)$$

式中，Q^* 为所有波的净辐射；Q_F 为人生产的热通量；Q_H 为对流（或湍流）敏感的热通量；Q_E 为潜热通量；ΔQ_S 为净储存热通量；ΔQ_A 为水平的净热对流。

以上能量平衡方程包括了城市表面所有可能的能量转换。

为了了解城市能量平衡的特点，还需要考虑城市能量流动的主要组成因素，以分析城市要素对城市能量流动的影响。

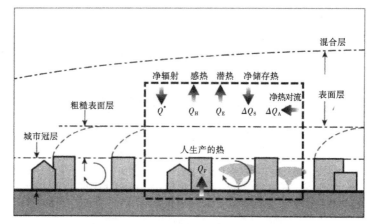

图 2-1 城市能量平衡组成部分示意图

注：虚线围合起来的方框内的箭头代表通量，正值表示系统获得能量；指向虚线方框外的箭头代表不稳定通量，正值表示系统失去能量。

2.1.2 辐射

发生在城市建筑表面的辐射交换用以下方程表示。

$$Q^* = (K_{dir} + K_{dif})(1-\alpha) + L\downarrow - L\uparrow \tag{2-2}$$

式中，Q^*为净辐射平衡；K_{dir}为直接短波辐射（直接来自太阳的入射阳光）；K_{dif}为扩散的短波辐射；α为城市表面的反射；$L\uparrow$为从城市表面释放的长波辐射；$L\downarrow$为城市表面从天空接受的长波辐射。

城市空间几何形式与不同建筑密度结合起来的综合影响，以及各种材料表面性质的差异（表 2-1）、空气污染等因素，影响了城市对太阳辐射的吸收和反射，并影响了城市表面长波辐射的吸收和扩散。

表 2-1 典型人造材料和自然材料的反射率和发射率[14]

材料	表面	反射率（α）	发射率（ε）
人造材料	沥青	0.05～0.20	0.95
	水泥	0.10～0.35	0.71～0.92
	砖块	0.20～0.40	0.90～0.92
	瓦楞铁	0.10～0.16	0.13～0.28
	白色粉刷	0.70～0.90	0.85～0.95
	玻璃	0.08	0.87～0.94

续表

材料	表面		反射率（α）	发射率（ε）
自然材料	森林		0.07～0.20	0.98
	草		0.15～0.30	0.96
	土壤	湿	0.10～0.25	0.98
		干	0.2～0.4	0.9～0.95

1. 城市形态对太阳辐射的影响

城市冠层（UCL）的主要能量来源是地球表面接受的太阳辐射。城市的几何形状以复杂的方式影响着城市冠层对太阳辐射的吸收。城市形态对太阳辐射产生影响有以下主要因素。

（1）城市密度。在建筑密度高的城市区域，楼顶反射了很大比例的入射太阳辐射，从而造成街区层峡中的多重反射效应相对比较小；在建筑密度低的城市区域，因为道路表面的反射不会受到相邻墙壁表面的干扰，所以城市表面的反射率比较高；建筑密度适宜的城市区域，对太阳辐射的吸收作用最大。

（2）建筑高度。比较高的建筑产生比较深的街区层峡，在道路宽度一定的条件下，将增加建筑表面对辐射的相互反射和吸收作用，从而减少了反射率（图 2-2）。具有较深街区层峡的城市表面，白天的净辐射峰值要大于具有较低建筑高度的城市表面的净辐射峰值。

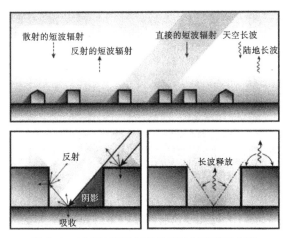

图 2-2　城市表面对辐射的吸收与释放示意图

（3）城市粗糙度。城市街区的建筑高度相同（城市粗糙度低），能够减弱楼顶的反射干扰其他建筑的反射的现象。所以，低粗糙度的城市表面能够产生较高的反射率。而建筑高度差别较大时，将产生粗糙的城市表面，并吸收更多的太阳辐射。

2. 空气污染对城市辐射交换的影响

空气污染对城市辐射交换的影响非常复杂，浓度较高的悬浮物质能够反射太阳辐射，从而可能降低白天的最高温度。但是，大气颗粒物也能吸收城市释放的长波辐射。由于悬浮颗粒散射太阳辐射，研究表明空气污染能够导致太阳辐射衰减达 10%～20%。

2.1.3　对流的感通热量

当空气和城市建筑表面之间存在温差时，感热通过空气和建筑表面之间的对流进行转换。城市表面能量平衡对流分量的大小取决于两个因素，即温差的量及空气和城市表面之间的热转换阻力。对流热通量通过以下方程表达。

$$Q_{\mathrm{H}} = h_{\mathrm{c}}(T_{\mathrm{s}} - T_{\mathrm{a}}) \tag{2-3}$$

式中，Q_{H} 为对流热交换率（$W \cdot m^{-2}$）；h_{c} 为对流热转换系数（$W \cdot m^{-2} \cdot K^{-1}$）；$T_{\mathrm{s}}$ 和 T_{a} 分别为表面温度和环境空气温度（K）。

对流热转换系数 h_{c} 的规模不仅受到气流性质（如气流速度和湍流比）的影响，还受到城市建筑几何形状、建筑表面特征、建筑和空气之间温差的影响。由于城市冠层及其之上的粗糙子层不均匀，且较大城市表面由建筑、街道、树木和其他元素组成，因此当城市表面层通过吸收太阳辐射而升温时，在城市表面之上的冷空气会吸收城市表面层的热量，在湍流作用下与更高层的空气混合起来。粗糙的城市表面肌理会对风的流动产生障碍，不仅导致了气流的不稳定性，而且还减少了气流的平均速度，从而使接近地面的风速最低，随着高度的增加，风速不断增加（图 2-3）。在城市表面层里，风速不是以线性方式而是以系统方式随着空间高度的增加而增加；垂直的风速廊线呈对数曲线形状。

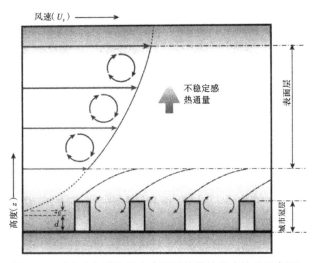

图 2-3　不稳定气流与城市表面层热量的影响关系示意图

同质表面层中的感热通量的密度 $Q_H(\mathrm{W \cdot m^{-2}})$ 通过如下公式计算。

$$Q_H = \rho c_p k u_* T_* \qquad (2-4)$$

式中，ρ 和 c_p 分别为空气的对应密度（$\mathrm{kg \cdot m^{-3}}$）和热（$\mathrm{J \cdot kg^{-1} \cdot K^{-1}}$），$k$ 为冯·卡门常数（取 0.4）；u_* 为摩擦速度；T_* 为定标温度。在一个时间间隔和表面层内，假定摩擦速度 u_*（$\mathrm{m \cdot s^{-1}}$）和定标温度 T_*（K）随高度变化，它们均由表面粗糙状态和当时状态决定。

城市表面感热通量密度定量计算的一般方式是涡度相关法（eddy covariance method），同时对空气温度（T）和湍流风流量（w）做高频率的测读。

$$Q_H = \rho c_p \overline{w'T'} \qquad (2-5)$$

其中，ρ 和 c_p 为空气的对应密度（$\mathrm{kg \cdot m^{-3}}$）和热（$\mathrm{J \cdot kg^{-1} \cdot K^{-1}}$）；$w'$ 为垂直气流和 T' 为温度。

摩擦速度可以通过对数风速廓线加上表面粗糙度参数来计算，表面粗糙度参数紧密依赖于建筑物的三维几何形状和构成城市表面的其他粗糙元素。

2.1.4　潜热通量

城市环境和自然环境之间的主要差异之一是地面暴露的程度。由于蒸发的缘故，地面吸收降水或丧失水分，有效的水分影响到潜热通量的大小；反之，潜热通量可以影响辐射从而能影响气温上升的程度，植物的蒸腾也对能量和水分之间的平衡产生影响，城市与自然环境存在差异的主要原因之一就是城市相对缺少植被绿化。

1. 蒸散和城市水平衡

蒸发（evaporation）是一个液态转换成为气态的物理过程，蒸发到大气层中的水来自水体表面，潮湿的土壤和植物的蒸腾。土壤蒸发和植物蒸腾在自然界是同时发生的，这两个过程不易区分。所以，在描述水从生长植物的土地表面转移到大气层中的整个过程时，国外一般使用蒸散（evapotranspiration）作为术语（简称 ET. 或 E）。

城市水收支的总量由城市冠层和土壤下一定深度下的水一起构成，其方程式如下。

$$p + I + F = E + r + \Delta A + \Delta S \qquad (2-6)$$

式中，p 为降水；I 为城市的管道供水；F 为人为活动如焚烧所致的水蒸发；E 为蒸散；r 为排放的水；ΔA 为这个体积中水分的净对流；ΔS 为给定时期的水储备变化。

水平衡通过 E（即蒸散）与能量平衡连接起来，潜热通量 Q_E 的同等质量如下。

$$Q_E = L_v E \qquad (2-7)$$

式中，L_v 为蒸发的潜热，或蒸发一个单位质量液体所需要的能量。L_v 是一个物理属性，它随水的温度和压力而变化，在 30℃ 和 100kPa 时，L_v 等于 2.43 MJ（0.675kW·h）/kg。这样，每小时 1ml 的水蒸发等于 675 W·m^{-2} 潜热通量。

此模型将标准气候数据和地表水属性的详细描述推论出来，根据此模型，可把城市地表分为以下三种类型。

（1）不透水表面。如道路、停车场和建筑，此类表面被认为下雨时是湿饱和的，而晴天时是干燥的。

（2）自然透水表面。如开放的无人管理的公园区，具有从全湿到全干的水分状态。

（3）人工透水表面。如草坪和花园，此类表面假定总是潮湿的。

蒸散对城市能量平衡的影响特别重要，存在以下两种可能的条件。

① 当表面是湿的或土壤水分具有田间持水量时，普里斯特利和泰勒

（Priestley and Taylor，1972）提出 [15]，以可能速率发生的蒸发表达如下。

$$E = (\alpha / L_v)\big[s / (s + \gamma) \big](Q^* - \Delta Q_s) \tag{2-8}$$

式中，E 为蒸散；L_v 为蒸发的潜热；s 为饱和蒸发压与温度曲线的斜率；γ 为焓湿常数；Q^* 为净全波长辐射通量密度；ΔQ_s 为子表面（净储存）热通量密度；（无量纲）系数 α 为在最小对流条件下从湿表面蒸发到平衡蒸发的比例，平衡蒸发为潮湿表面蒸发的下限（α 值由经验决定，在郊区，α 值为 1.2～1.3）。

② 当表面是潮湿或干燥时，蒸散限制在有效水的范围内，使用布鲁沙尔特和斯特里克（Brutsaert and Stricker，1979）[16] 的对流 – 干旱调整方程来计算。

$$E = \left(\frac{1}{L_v} \right) \left\{ \begin{array}{l} \big[(2\alpha - 1)(s / (s + \gamma))(Q^* - \Delta Q_s) \sum_{i=2}^{n} A_i \alpha_i' \big] \\ - \big[AA(\gamma / (s + \gamma)) E_\alpha \big] \end{array} \right\} \tag{2-9}$$

式中，A_i 为第 i 表面类型覆盖的集水区的比例；α_i 为第 i 表面类型的经验系数；AA 为相关地区土壤潮湿状态；E_α 为空气的干燥功率。

$$E_\alpha = (C / \gamma)(\bar{e}^* - \overline{e_\alpha}) \big\{ (\bar{u} / k^2) / \big[(\ln(z_v - d + z_{0v} / z_{0v})) \cdot \ln(z_u - d + z_{0m} / z_{0m}) \big] \big\} \tag{2-10}$$

式中，C 为干燥空气的热容量；$\bar{e}^*$ 和 $\overline{e_\alpha}$ 为在高度 z_v 下的平均饱和度和周边蒸气压；$\bar{u}$ 为在高度 z_u 下的平均水平风速；k 为冯·卡门常数（0.40）；d 为零平面位移长度；z_{0v} 和 z_{0m} 为水蒸气和动量粗糙长度。

由于蒸散占年度外部水平衡（即不包括灌溉）的 30%～70%，因此对接近城市地表的能量平衡具有实质性的影响。

2. 感热和潜热之间的能量划分

干燥的城市表面，因为把白天获得的剩余辐射转化成储存的感热或对流的感热，从而使城市或周边空气温度升高。此外不透水的城市建筑材料能够让雨水在地表滞留一段时间，由此可能出现大量的蒸发，以消耗感热从而增加空气中的潜热。在没有对流的情况下，没有储存下来的剩余能量就会加热表面附近的空气（即增加空气中的感热成分），蒸发表面水分，增加空气中的潜热成分。如果没有有效的湿度，所有的剩余能量都将转化成感热，导致气温的大幅上升。所以，就气候反应而言，城市不透水的表面能够在短期内覆盖从"湿"到"干"的所有种类的湿度。

城市环境由于下垫面材质的不同在渗透性和湿度方面存在多样性。例如，城市中心主要由砖石、水泥、沥青和玻璃构成，而城市非中心区则存在较大的绿化植被，因此城市中心区几乎没有潜热，形成非常干燥的微气候环境，而城市非中心区则能产生比较潮湿的微气候，蒸散的效果主导了中心区和非中心区微气候的差异。

城市表面的感热通量和潜热通量用以下方程估算。

$$Q_H = \frac{(1-\alpha)+\gamma/s}{1+\gamma/s}(Q^* - \Delta Q_s) - \beta \qquad (2-11)$$

$$Q_E = \frac{\alpha}{1+\gamma/s}(Q^* - \Delta Q_s) + \beta \qquad (2-12)$$

式中，s 为饱和蒸发压与温度曲线的斜率；γ 为焓湿常数；α 和 β 为经验参数。无量纲参数 α 依赖于土壤的潮湿状态，与 Q_E 和 Q_H 及 $Q^* - \Delta Q_s$ 紧密相关；相反，β（单位为 $W \cdot m^{-2}$）与其余部分相关。

这个计算方法的精确度取决于 β 值和 α 值是否适合实际情况，而这两个值受到城市内部异质性和下垫面材质变化的影响。

3. 城市蒸散率

蒸散是城市的重要热通量，一般占居住区白天全部净波长辐射的20%~40%，甚至在昼夜（24h）辐射中占有更高比例。城市的蒸散率与城市的绿化紧密相关，城市中心区由于绿化率较低，不透水表面比例大，从而蒸散率较低[17]。北美部分城市的场地蒸散率和植被覆盖率之间的关系如图2-4所示。

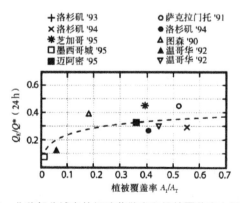

图 2-4 北美部分城市的场地蒸散率和植被覆盖率之间的关系

2.1.5　热储存

　　储存在城市表面的热量或净储存热通量（net storage heat flux）的持续变化是构成城市能量平衡的重要部分。净储存热通量（ΔQ_s）占据了白天净辐射的50%。城市表面吸收、储存和释放辐射能的能力对城市微气候具有重大影响。城市建筑材料属性、下垫面属性、城市规模、空间布局都会对城市的能量储存产生影响。由于能量储存过程影响城市的表面温度，因此能量储存对于城市环境人体热舒适意义重大。

　　地面吸收或释放能量的速率不仅由外部力量决定（即驱动表面能量平衡而进入的能量），也由材料本身的热属性决定，即导热性能（K）和热容量（$C = \rho_p$，ρ为密度，C_p为比热）。表 2-2 为常见典型土壤和城市下垫面材料的热属性[18]。

表 2-2　常见典型土壤和城市下垫面材料的热属性

材料		注解	ρ密度 /（kg·m⁻³）	c特定的热 /（J·kg⁻¹·K⁻¹）	C热容量 /（J·m⁻³·K⁻¹×10³）	K热导 /（W·m⁻¹·K⁻¹）	κ热扩散 /（m²·s⁻¹×10⁻⁶）	μ热吸纳 /（J·m⁻²·s⁻¹/²·K⁻¹）
自然土壤	沙土（40%孔隙）	干燥	1600	800	1280	0.30	0.24	620
		饱和	2000	1480	2960	2.20	0.74	2550
	黏土（40%孔隙）	干燥	1600	890	1420	0.25	0.18	600
		饱和	2000	1550	3100	1.58	0.51	2210
	泥炭土（40%孔隙）	干燥	300	1920	580	0.06	0.10	190
		饱和	1100	3650	4020	0.50	0.12	1420
	水	纯（4℃）	1000	4180	4180	0.57	0.14	1545
人造建筑材料	沥青		580	800	1940	0.75	0.38	1205
	砖块		1970	800	1370	0.83	0.61	1065
	混凝土	高密度	2300	650	2110	1.51	0.72	1785
	聚苯乙烯	扩充	30	0.88	0.02	0.03	1.50	25
	钢	轻	7830	500	3930	53.3	13.6	14475

资料来源：Oke（1987）。

由此可见，城市环境的大量不同属性的下垫面材料及建筑材料对城市的微气候产生了复杂的影响。

城市街区每一种表面类型按照它的相对面积加权，采用目标迟滞模型（OHM）累计计算整个区域的热储存。

$$\Delta Q_s = \sum_{i=1}^{n} \left\{ \alpha_{1i} Q^* + \alpha_{2i} \frac{\partial Q^*}{\partial t} + \alpha_{3i} \right\} \tag{2-13}$$

为了使用目标迟滞模型（OHM），要求每一种表面类型都具有适当的系数 α_1、α_2、α_3，表 2-3 列举了在目标迟滞模型中用来描述若干种表面储存热通量的参数值[19]。

表 2-3　在目标迟滞模型中用来描述若干种表面储存热通量的参数值

表面类型	α_1	α_2/h	α_3/（W·m^{-2}）
绿色空间 / 开放	0.34	0.31	−31
铺设的 / 不透水的	0.70	0.33	−38
屋顶	0.12	0.39	−7

2.1.6　人为热

无论是交通、建筑供暖（或降温）还是各式各样的人类活动都需要能量。使用的能量数目不仅取决于气候，而且取决于城市布局、交通类型、建筑采暖或降温，技术和照明采光的效率。

人为产生的热通量的大小可以通过下面基本成分的分解分析而得到评估。

$$Q_F = Q_V + Q_B + Q_M \tag{2-14}$$

其中，人为热通量 Q_F 等于车辆产生的热通量 Q_V、建筑产生的热通量 Q_B 和人体新陈代谢产生的热通量 Q_M 之和。

除车辆、建筑和工业这三个主要的人为热量排放外，人体的新陈代谢也释放出热。大规模的人上下班运动，特别是在市中心区域，会影响新陈代谢所产生的热的空间分布，但是一般城市区域人体新陈代谢仅仅构成人为热通量的 2%～3%。

在没有城市热源详细数据库时，相同地方人为热通量可以通过场地的植被率与整个城市地区的平均通量计算。

$$Q_{\mathrm{F}} = (1 - R_{\mathrm{g}}) Q_{\mathrm{F}(0)} \qquad （2-15）$$

其中，$Q_{\mathrm{F}(0)}$ 是植被率 R_{g} 等于 0 时释放的人为热的密度（植被率是植被面积与整个场地面积之比）。

人为热主要受到以下三方面的影响。

1. 城市人口数量

不同城市的人为热在数量上差异很大，主要受人均能源使用量和人口密度的影响，此外气候状况、工业活动的程度和类型，城市交通系统的类型也对人为热排放产生一定的影响。

2. 城市空间变化

城市区域的热通量在空间上存在差异，城市中心区的人为热的热密度比整个城市的平均值高 5～10 倍，反映了高密度城市和人类活动的高度集中性方面的影响。在高密度市中心，寒冷气候下的人为热的热通量达到 $1500\mathrm{W} \cdot \mathrm{m}^{-2}$，低密度市区的人为热的热通量可能只有 $1～5\mathrm{W} \cdot \mathrm{m}^{-2}$，城市平均的人为热的热通量为 $25\mathrm{W} \cdot \mathrm{m}^{-2}$。

3. 时间变化

人为热释放与人的活动水平是一致的，人为热释放具有日、月和季节性的循环。三种基本人为热组成部分存在不同的时间模式，一般大部分城市存在相同的人为热释放昼夜规律：人为热释放白天高晚上低，其中白天热量释放是晚上的 2 倍以上。

其中，人的新陈代谢产生的热在整个城市人为热排放中所占比例相对比较小。但是，在人口密度高的区域类型，如大型集会、大型商场、交通枢纽及城市综合体，则会产生不能忽视的局部热源。

2.1.7　对流

大部分城市都是高度多样性的，土地使用模式、建筑密度和植被覆盖面积等因素都影响着表面能量平衡，产生了相对热和相对冷的区域，这些区域常常紧密相邻，这就引导热和水分从一个位置向另一个位置转移。由此形成的对流会对一定空间范围内的微气候造成影响。

实地研究显示，假定为均匀的郊区居住区的能量通量仅在 100~1000m 的范围内即可达到40%的不同[20]，这些差异在量上与城市和郊区的差别相同，因此，平均流的垂直湍流能量通量的水平变化会引起对流现象，这意味着"小对流"可能对城市局部的能量平衡具有重要影响。这些研究揭示出，净辐射通量在空间上的变化相对较小，而人所产生的热可能在空间和时间上具有很大的变化性。此外，表面铺设和植被的差别，特别是在土壤湿度方面的差别，都引起了感热通量和潜热通量比例和储存的热在局部位置上的差别。

2.2 地下空间对城市微气候影响的关联性

城市微气候的形成反映了人类在城市中持续改变自然环境的整体效果。为了分析城市微气候，必须把极端复杂的城市简化成相对简单的物理过程，通过考察温度较高的城市地区和温度相对较低的城市地区之间的能量平衡来认识城市微气候的形成。正是在任何一个时刻的能量平衡决定城市下垫面的降温或升温是否发生，也决定城市温度升高或降低的速率。

通过 2.1 节的分析可知，城市微气候与大气环境、建筑布局、形态、材料及局部的下垫面属性等多种因素有关，受到太阳辐射、城市风环境、人工排热等因素的综合作用。相关的城市能量系统现象包括空气对流、湍流、太阳直接辐射、长波辐射、潜热通量、城市地标的热储存、城市风场、植被蒸腾作用、下垫面属性、建筑的固体导热与蓄热、人为排热、水体的传质过程等一系列能量交换过程。

目前，城市微气候研究逐渐关注城市规划及设计要素与微气候指标之间的关系。城市街区、建筑密度、人口、下垫面属性、城市形态、城市肌理等要素与城市微气候指标之间的关系成为研究的重点。经过长期的观察和实验研究，城市规划及设计要素与微气候指标之间的内在关联性和影响因素逐渐被揭示。其中主要的影响因素有以下 4 点[21]。

（1）由于城市建设对城市下垫面（绿化、水体、不透水面等）材质的改变，造成了城市地表的热反射率、热散射率及热传导参数的改变，由此造成城市热平衡的改变。

（2）由于城市人口改变而造成的人体散热量（anthropogenic heat release，AHR）变化。

（3）城市区域"大气蒸散量"（evapotranspirationin）的减小。

（4）城市复杂的城市形态、街区层峡结构的改变，以及由此引起的城市能量流动的改变。

可以将城市微气候的改变机理构建为如下关系图（图 2-5）。

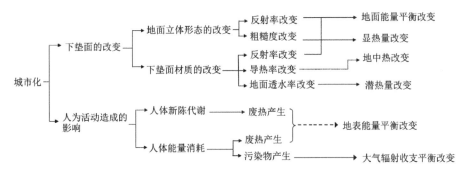

图 2-5　城市微气候的改变机理构建关系图

由图 2-5 中可以看出，城市微气候主要受城市下垫面的改变和人为活动两个方面影响。而城市地下空间的开发，能够直接改变城市下垫面的构成和人的城市行为活动，进而影响城市微气候。

2.2.1　地下空间开发对城市形态的影响

地下空间开发改变了城市的空间形态。地下空间通过对城市空间资源的集约化与复合化利用，营造了变化丰富、可达性和连贯性较强的城市空间形态，地下空间的开发促使城市空间的开放度得到加强，地下商业街、下沉广场、城市中庭为城市创造了顺畅、连续与系统的空间形态。

例如，在上海市静安寺公园广场的设计中（图 2-6），地铁出入口、城市广场、城市商业、城市绿地结合在一起，地铁出入口借用城市广场的下沉空间、站厅基面和下沉广场整合了城市活动空间。

图 2-6 上海静安寺公园广场三维空间基面分析

地下空间的大规模开发，突破了地下和地上空间的区隔与限制，让两者的城市要素与体系形成真正的三维形态和立体化发展。三维立体化的城市形态在诸多现代城市中得到了形成和发展，城市空间的立体化、系统化、复合化及社会化使得现代城市地上与地下的联系日益增加，地面空间与地下空间之间的空间组合日益复杂、层次界限日益模糊、城市基面向地上地下一体化发展。地上地下一体化的空间形态，增加了城市开放空间的融合度，并改变了城市的空间组合形式、建筑密度及街区层峡结构。

如图 2-7 所示，由于地上地下一体化空间形态的形成，部分城市地面功能可以放入地下。随着地下开发规模的逐渐扩大，城市地面的开发量随之减少，地面的建筑密度、建设规模、容积率、建筑高度随之降低，地面的建筑形式也随之改变。

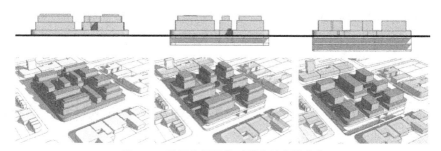

图 2-7 地下空间开发对城市形态的改变

如图 2-8 所示，当示意地块中没有进行地下空间开发时，地面建筑的形体影响了城市风场的流动；当部分地面功能放入地下以后，地面建筑的几何形式发生改变，新的建筑形式形成，城市风可以通过开阔空间进入城市内部，改善城市内部的风环境。

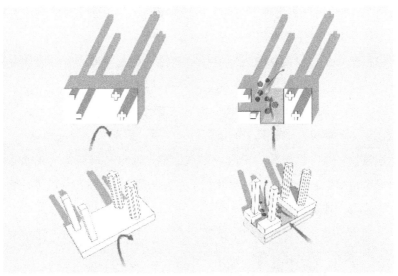

（a）示意地块没有进行地下空间开发　　（b）部分地面功能放入地下

图 2-8　地下空间开发对城市风场的影响

2.2.2　地下空间开发对城市下垫面构成的影响

1. 地下空间开发能够节省城市土地，增加城市绿化面积

通过修建地下停车空间、地下道路、地下商场及发展地下公共建筑，不仅可以开拓城市公共空间、节省城市用地，而且可以利用节省的城市用地进行城市绿化的复合开发，增加地面绿化，保护和美化城市环境，大规模减少城市大气污染，由此改善城市微气候。地下空间建设和城市建设用地的关系如图 2-9 所示。

图 2-9　地下空间建设和城市建设用地的关系

从图 2-10 中可以看出地下空间、城市环境、城市绿地与城市建设各因素之间的动态因果关系，主要有以下三个动态系统环。

动态系统环Ⅰ：城市快速发展→城市建设量增大→城市密度增加→城市交通量增加→城市大气污染严重→限制了城市可持续发展。

动态系统环Ⅱ：城市建设用地增多→城市绿地面积减少→城市大气污染严重→城市生态环境变差→阻碍了城市可持续发展→阻碍城市经济发展。

动态系统环Ⅲ：发展地下空间→增加城市地面可利用面积→城市绿地面积增多→城市地面生态环境改善→城市大气污染相应减少→城市得以可持续发展→城市经济发展→地下空间进一步发展。

可以看出，动态系统环Ⅰ和Ⅱ是恶性循环，而动态系统环Ⅲ进行地下空间的开发将增加城市的绿化容量，形成良性循环。

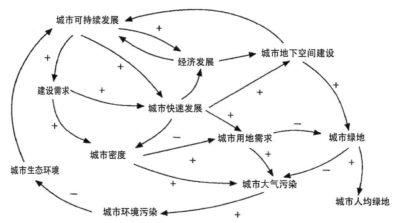

图 2-10 地下空间、城市环境、城市绿地与城市建设各因素之间的动态因果关系

2. 地下空间的开发丰富了城市的绿化空间层次

地下空间的开发创造了城市特色的立体绿化，为城市绿化提供了更为多样的布置空间，绿化景观变化多样、层次更为丰富。同时，地下空间的开发为城市绿化的存在形态提供了多种可能，为增加城市绿化容量、提高城市环境综合效益提供了有效途径。例如，在用地紧张的城市中心区将城市功能空间置于地下，地面则用于布置城市绿化。立体绿化是地下空间的一个重要特色。

地下空间的开发形成了地下 – 地上立体的城市形态，发展了城市中心区的城市几何形态，丰富了城市中心区的绿地、水体等城市下垫面构成，必然会直接影响城市的微气候指标。通过研究地下空间对城市微气候的影响机理及影响规律，可以有效地通过实施空间控制、调整下垫面形式、优化景观结构达到调节城市微气候，尤其是地下空间开发区域微气候的作用。

地下空间开发能够节省城市土地并增加城市的绿化容量。大量的城市热量能够通过绿植的蒸腾作用吸收，植物的遮阴和对空气污染物的吸收作用会进一步改善城市的热环境，表 2-4 总结了增加城市绿化面积对城市微气候的改善效果，平均每增加 10% 的城市绿化率，城市热岛效应就会降低 4℃。建筑屋顶绿化等立体绿植的使用，创造了多样化的城市绿植形式，不仅能够降低建筑能耗、改善城市的空气质量、降低城市噪声，而且可以为野生动物提供栖息场所，降低城市热岛效应。

表 2-4　增加城市绿化面积对城市微气候的改善效果总结

作者（年）	模式类型	建议干预	预期效果
塞勒（1998）[22]	中等尺度（2km×2km 方格）	新增植被约 6.5%	减少降温荷载 3%～5%
塔哈（1997）[23]	中等尺度（0.2km×0.2km 方格），城市气候综合室外缩比模型	新增植被约 3%～4% 增加反照率 3%～5%	降低白天峰值温度，减少部分美国城市办公室年度能量费用 \$11～\$55/100m^2；减少部分美国城市居住建筑年度能量费用 \$9～\$71/100m^2
库格和珀尔穆特（2008）[24]	形体上成排，露天成比例城市表面模型	新增植被约 13%	降低白天峰值温度 2K～3K
珀尔穆特（2009）[25]	形体上成排，露天成比例城市表面模型	新增植被约 13%	潜热通量翻一番

2.2.3　地下空间环境质量控制对城市地面环境的影响

中国的地下空间开发与欧美、日本等发达国家不同，发达国家的地下空间建设已经进入相对成熟的阶段，城市内部地下空间开发向系统化方向发展，涵盖地下市政基础系统、地下公共空间、地下交通系统及地下综合防灾系统。中国现阶段的地下空间开发主要是为了满足城市发展需要、解决地面土地不足、增加城市建筑容量。地下空间的建设主要为地下商业（地下商场、地下商业街、地下综合体）和地下交通系统（地铁系统、地下道路、地下停车场）。由于地下商业和地下交通的建设，城市中的居民为了达到商业和交通的目的进入地下空间。由于中国的人口基数大，因此每天有巨大的人流进入地下空间。例如，在南京，2020 年地下空间总面积达到 6855 万 m^2，2020 年的地铁长度为 394.7km，单日地铁客流量最高达到 400 万人次以上（图 2-11 显示了南京地铁站交通高峰期的人流）[26]。

图 2-11 南京地铁站交通高峰期的人流

为创造一个适合人生存和活动的环境，地下空间环境需更多地依靠人工手段来加以控制和改善，包括湿热环境控制、空气品质控制、声环境控制、光环境控制、心理与视觉环境控制及节能控制等。其中对湿热环境和空气品质的控制需要使用通风空调系统进行通风空调控制，这直接影响到城市的湿热环境和空气质量指标。

如图 2-12 所示，地下空间内部通风空调和环境控制系统主要由新风系统和排风系统组成。通过对地下空间内部进行合理的暖通设计，排风系统在主机的作用下将地下空间内部的污染空气吸入排风管道，经由地面排风设备将地下空间内部的污染空气排放进入城市地面环境；与此相对，新风系统在主机的作用下，将城市地面环境的新鲜空气吸入新风管道，通过送风口将新鲜空气释放送入地下空间内部。由此完成地下空间内部通风的系统循环。

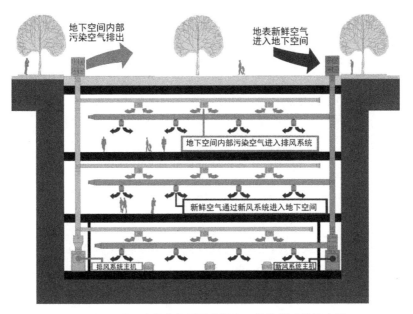

图 2-12　地下空间内部通风空调和环境控制系统示意图

1. 地下空间内部的湿热环境控制

地下空间的热源散热主要有室内工艺设备散热、照明散热和人体散热三部分，设备、照明和人体等散热量在地下空间空调负荷中所占比例较大。在地下空间中，人们大多处在运动状态，运动时人的新陈代谢率约为静坐状态下的 2 倍。再加上人流密度增加，人体间相互等温辐射，使人体对外的辐射散热减少，人体在这种状态下会产生不舒适感。因此为了满足人体的舒适感，地下空间的室内空气设计温度会比地面建筑室内的设计温度值低。

地下空间内空气中的水蒸气含量高、相对湿度大、热湿比高，这对营造好的内部环境是不利的。由于地下空间内部建筑结构表面散湿，没有阳光的直接照射，因此地下空间内部空气含湿量比地面建筑高。地下空间内部空气的湿度主要来源于施工水、裂隙水、壁面散湿、空气带入的水分、人员散湿、工艺散湿等。正是由于地下建筑内空气环境的特殊性，对地下空间的内部空气的除湿是地下空间通风空调系统的主要负荷之一。

2.地下空间内部的空气质量控制

地下空间由于受到岩石或土壤及封闭空间等因素的影响，空气环境恶劣，人们生活或工作在空气环境较差的地下工程中，就必须对地下空间空气质量进行改善与保障。影响地下空间空气质量的主要因素有以下几种。

（1）CO_2。地下空间室内环境中，由于人的呼吸使 CO_2 浓度升高。在人流比较密集的地下空间，如地下商场、地下铁道，人员排放出大量以 CO_2 为代表的废气。大多数地下公共建筑内空气中的 CO_2 浓度通过空调提供新风，可控制在0.15% 以内。

（2）CO。CO 是一种有害气体，一般情况下，在地下空间从外界引入的空气中的 CO 浓度含量不超过 $10mL/m^3$，除此之外不存在使 CO 浓度升高的因素。但地下停车场是一种特殊情况，因为汽车废气中含有较高浓度的 CO，可使空气中的 CO 迅速升高到人员无法在其中停留的程度。因此在对地下停车场进行设计和使用时，必须对 CO 的含量进行控制。

（3）尘埃和细菌（dust and bacteria）。由于地下环境通风不畅，湿度较大，因此微生物种类和数量均高于地面。室内微生物污染主要来源于人体散布，通过人的呼吸系统、排泄系统及皮肤伤口都会有细菌或病毒散发出来。地下空间中的尘埃和细菌污染极为严重，可吸入颗粒浓度普遍超过容许浓度（$0.15mg/m^3$），有的甚至超过标准数十倍。地下空间空气中的尘埃和细菌通过空气过滤器进行清滤，经过通风空调系统排放传播到地面环境中。

（4）TVOC。空气中总的挥发性有机化合物（TVOC）是使人体感到异味、头昏、疲倦、烦躁等症状的主要原因，是反映室内有机物浓度的空气污染指标。TVOC 污染主要有乙醛、丙烯醛、萘、甲醛等。

（5）氡污染（radon pollution）。地下空间内的氡主要来源于岩石、土壤及建筑材料中的 ^{226}Ra，放射性影响普遍大于地面建筑。地下空间中的氡污染明显高于地面。现有的大多数地下空间，都根据地下工程环境卫生氡防护标准进行了防氡通风，将地下空间中的氡污染集中释放到地面环境中。

地下空间通过通风空调系统的稀释通风和置换通风改善室内空气品质，确保将新鲜空气送到人员活动区，并将污染空气释放到城市环境中，直接影响了地面环境的空气质量参数和污染物含量。

2.2.4　地下空间开发与城市微气候的关联性

通过以上分析可知，地下空间开发与城市微气候指标的关联性如图 2-13 所示。

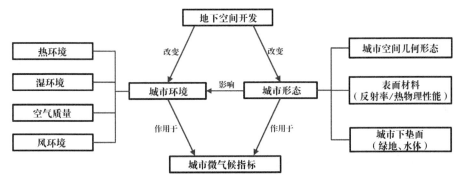

图 2-13　地下空间开发与城市微气候指标的关联性

由此可见，地下空间的开发能够改变城市空间几何形态，丰富城市的绿地、水体等城市下垫面构成，必然直接影响城市的微气候。通过研究地下空间对城市微气候的影响机理和影响规律，可以有效地通过实施空间控制、调整下垫面形式、优化景观结构达到调节城市微气候尤其是调节地下空间开发区域微气候的目的。

总结基于城市微气候、城市下垫面和地下空间三者关系的研究，广义地来看，构建的地下空间对城市微气候的影响系统图如图 2-14 所示。

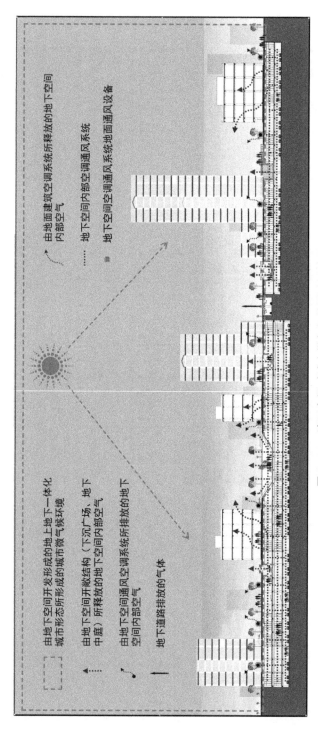

图 2-14 地下空间对城市微气候的影响系统图

2.3　地下空间开发对城市微气候影响的验证研究

2.2 节分析了地下空间开发对城市微气候的影响原理及其关联性。本节将通过模拟分析南京某居住小区的地下停车开发对小区微气候的影响，为地下空间开发对城市微气候的影响进行初步验证。

目前国内居住区采用较多的是在住宅建筑和绿地地下修建成片的地下停车，地下停车已经成为城市居住区内重要的静态交通功能。本节研究以微气候流体力学模拟软件 ENVI-met（该软件的校验与介绍见第 3 章）为基础，采用有无对比法（with-and-without method），通过对该小区进行地下停车规划与不进行地下停车规划两个方案进行冬夏两季的居住区室外微气候模拟分析，利用模拟计算得到的风速与风向、空气温度、相对湿度、空气质量参数（CO_2 分布）及室外热环境指标平均辐射温度（MRT）等数据，量化分析地下空间开发对该居住区微气候的影响，对地下空间对微气候的影响和效益进行验证。

2.3.1　案例概况

该居住小区位于南京市区东南部，规划用地约 45000m^2，总建筑面积 133000m^2，容积率为 2.5，小区有 12 栋小高层住宅，分布围合在小区中部的生态园林四周。该小区规划采用地下停车，地下停车集中位于小区南面绿地地下（图 2-15）。小区总户数 780 户，机动车总泊位 680 个，地下停车泊位 580 个，地下车库面积 10000m^2。

在本研究中，为了便于在 ENVI-met 中建立数字地图，需要对小区的规划图进行简化处理，仅保留建筑物、道路、硬地面、绿地、乔木和水体六种主要下垫面要素。简化之后的规划图如图 2-16（a）所示。

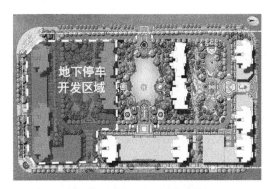

图 2-15 居住小区的规划图

为了研究地下车库对小区微气候产生的影响，需要设计与没有规划地下车库的方案进行对比模拟。根据《南京市建筑物配建停车设施设置标准与准则（2019 年版）》，居民汽车停车率不应超过 10%，即该小区最多停车泊位数应当为 78 个；按照上述标准与准则，满足最多停车泊位数要求且不设有地下停车的小区规划方案如图 2-16（b）所示。

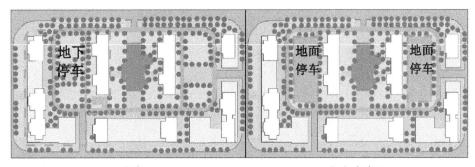

（a）方案一　　　　　　　　　　　（b）方案二

图 2-16　居住小区简化图

根据图 2-6，在 ENVI-met 中建立两个方案的数字地图，如图 2-17 所示。在数字地图中根据简化图设置相应的下垫面属性。

ENVI-met 模拟气象参数的输入主要包括模拟初始值、风速及风向、逐时太阳辐射强度、空气温度、相对湿度、不同深度的土壤温度等几个方面。本研究采用的气象数据为《中国建筑热环境分析专用气象数据集》中南京基准站的气象数据（后文同）[27]，地理位置为北纬 32°、东经 118°48′，海拔高度 7.1m。模拟计算输入参数如表 2-5 所示。

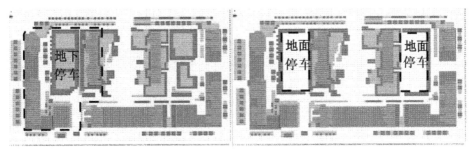

（a）方案一 （b）方案二

图 2-17 数字地图

表 2-5 模拟计算输入参数

模拟初始值							
典型 气象日	初始大气 温度 /K	相对 湿度	风速 /（m·s⁻¹）	风向 （度）	室外大气 压力 /Pa	模拟初 始时间	总模拟 时间 /h
6.23 （夏季）	294.95	80%	2.4	157.5	100250	6:00	12
12.23 （冬季）	274.25	66%	3.2	67.5	102790		

注：风向中 0° 为北，90° 为东，180° 为南，270° 为西。

2.3.2 模拟结果与分析

1. 温度场对比分析

图 2-18 为两个方案夏冬两季正午 12:00 离地 1.5m 温度场云图。图 2-19 为两个方案夏冬两季离地 1.5m 的逐时空气温度曲线数值模拟比较（8:00～17:00）。

从图 2-18 可以看出，方案二地面停车场的温度明显高于方案一中同位置绿地的温度，也是造成方案二温差较大的原因。

从图 2-19 中可知，在夏季，方案一比方案二的空气温度平均低约 1.8℃，两个方案的最高温度差为 2.4℃，出现在中午 12:00，且在 11:00～14:00 温度较高时段，方案一比方案二的温度低 2℃左右；在冬季，方案一比方案二的空气温度平均低约 2.2℃，但方案二的温度变化较大，模拟结果的最低温度出现在方案二的 8:00 时段。

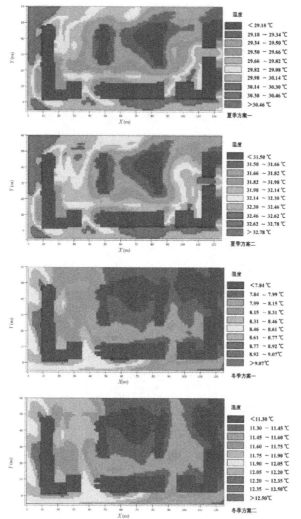

图 2-18　两个方案夏冬两季正午 12:00 离地 1.5m 温度场云图

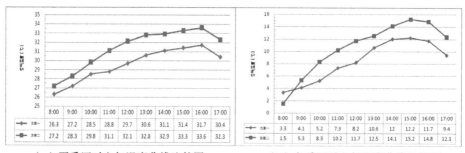

（a）夏季逐时空气温度曲线比较图　　　（b）冬季逐时空气温度曲线比较图

图 2-19　两个方案夏冬两季离地 1.5m 的逐时空气温度曲线数值模拟比较

2. 湿度场对比分析

图 2-20 为两个方案夏冬两季正午 12:00 离地 1.5m 相对湿度云图，图 2-21 为两个方案夏冬两季离地 1.5m 的逐时相对湿度曲线数值模拟比较（8:00～17:00）。

从图 2-20 可以看出，方案二地面停车场的相对湿度小于方案一中同位置绿地的相对湿度，且同一幅云图中相对湿度较小的区域集中在停车场处。

从图 2-21 中可知，在夏季，方案一比方案二的相对湿度平均高 2.3%；在冬季，方案一比方案二的相对湿度平均高 4.6%。

3. 风环境对比分析

图 2-22 为两个方案夏冬两季正午 12:00 离地 1.5m 风速云图，图 2-23 为两个方案夏冬两季离地 1.5m 的逐时风速数值模拟比较（8:00～17:00）。

由于风环境由风向、风速和小区建筑物的布局共同决定，所以方案一与方案二在夏冬两季的风环境特征非常相似，云图分布的规律和风速值基本接近。

在夏季，由于东南方向的风受到小区东南角的建筑物的阻挡，使小区内部的风速降低，没有形成风速较高的区域，不利于夏季的小区通风降温。在冬季，由于小区东面和北面设有入口，使得东北方向的风进入小区内部，在入口处形成了风速较高区域，并且由于方案二的停车场与入口处直接相通，在停车场处也形成了高风速区域，造成小区冬季的风环境较差。可见此小区的建筑布局不利于形成良好的风环境。

在风速值上两个方案相差不大，在夏季方案一比方案二的风速平均高 0.09m/s，在冬季平均低 0.19m/s。但是由于方案二在冬季于停车场处形成了高风速区域，可知方案二的风环境与方案一相比较差。

4. CO_2 浓度场对比分析

图 2-24 为两个方案夏冬两季正午 12:00 离地 1.5m CO_2 浓度场云图，图 2-25 为两个方案夏冬两季离地 1.5m 的逐时 CO_2 浓度数值模拟比较（8:00～17:00）。

从图 2-24 可以看出，方案二地面停车场处的 CO_2 浓度高于方案一中同位置绿地的 CO_2 浓度，且同一幅云图中 CO_2 浓度较高的区域集中在停车场处。

从图 2-25 中可知，在夏季，方案一比方案二的 CO_2 浓度平均低 1.1ppm，最高差值为 2.97ppm；在冬季，方案一比方案二的 CO_2 浓度平均低约 0.27ppm，数值比较接近。两个方案的 CO_2 浓度相差不大，但方案一的 CO_2 浓度普遍低于方案二的 CO_2 浓度。

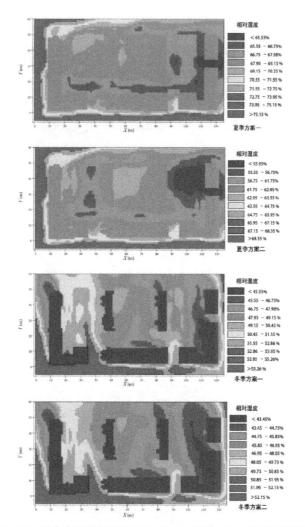

图 2-20　两个方案夏冬两季正午 12:00 离地 1.5m 相对湿度云图

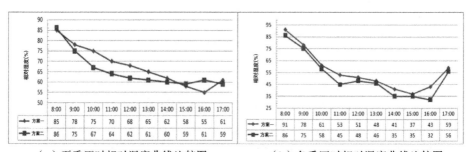

（a）夏季逐时相对湿度曲线比较图　　　（b）冬季逐时相对湿度曲线比较图

图 2-21　两个方案夏冬两季离地 1.5m 的逐时相对湿度曲线数值模拟比较

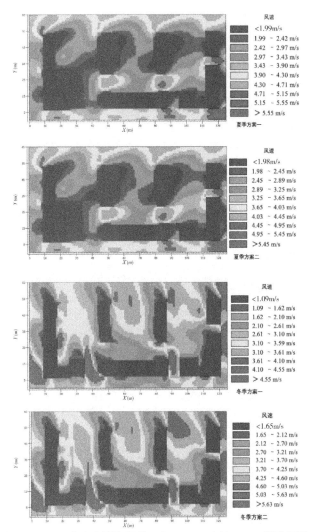

图 2-22 两个方案夏冬两季正午 12:00 离地 1.5m 风速云图

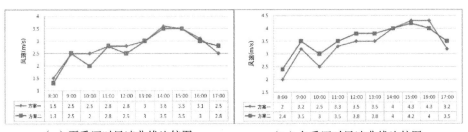

	8:00	9:00	10:00	11:00	12:00	13:00	14:00	15:00	16:00	17:00
方案一	1.5	2.5	2.5	2.8	2.8	3	3.6	3.5	3.1	2.5
方案二	1.3	2.5	2	2.8	2.5	3	3.5	3.5	3	2.8

（a）夏季逐时风速曲线比较图

	8:00	9:00	10:00	11:00	12:00	13:00	14:00	15:00	16:00	17:00
方案一	2	3.2	2.5	3.3	3.5	3.5	4	4.3	4.3	3.2
方案二	2.4	3.5	3	3.8	3.8	4	4	4.3	4	3.5

（b）冬季逐时风速曲线比较图

图 2-23 两个方案夏冬两季离地 1.5m 的逐时风速数值模拟比较

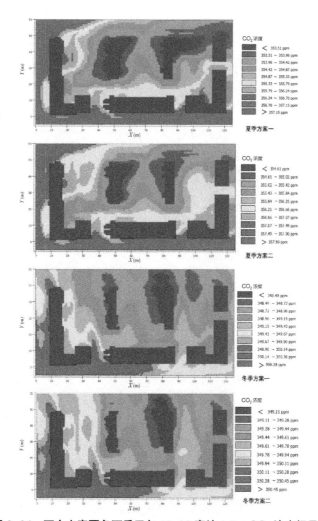

图 2-24 两个方案夏冬两季正午 12:00 离地 1.5m CO_2 浓度场云图

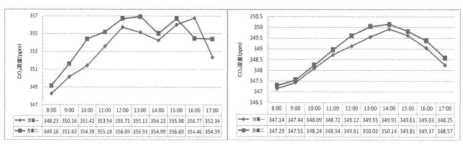

（a）夏季逐时 CO_2 浓度曲线比较图　　　　（b）冬季逐时 CO_2 浓度曲线比较图

图 2-25 两个方案夏冬两季离地 1.5m 的逐时 CO_2 浓度数值模拟比较

5. MRT 对比分析

平均辐射温度（mean radiation temperature，MRT）是影响室外人体热舒适度的重要指标，是研究室外热感觉的重要参数（对 MRT 的详细介绍见 4.4 节）。

图 2-26 为两个方案夏冬两季正午 12:00 离地 1.5m MRT 云图。图 2-27 为两个方案夏冬两季离地 1.5m 的逐时 MRT 曲线数值模拟比较（8:00～17:00）。

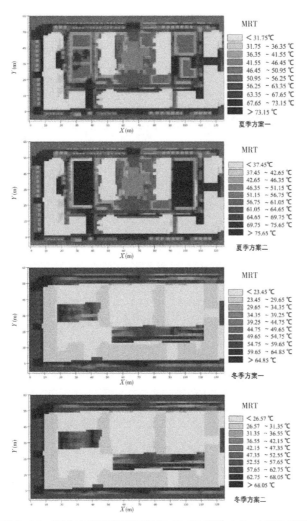

图 2-26　两个方案夏冬两季正午 12:00 离地 1.5m MRT 云图

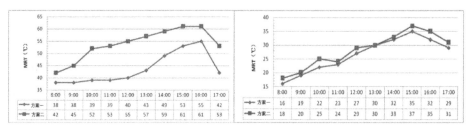

（a）夏季逐时 MRT 曲线比较图　　　　（b）冬季逐时 MRT 曲线比较图

图 2-27　两个方案夏冬两季离地 1.5m 的逐时 MRT 曲线数值模拟比较

从图 2-26 可以看出，夏季方案二地面停车场的 MRT 值显著高于周边环境和方案一同位置的数值，差距达到 10℃以上。冬季两个方案的云图分布和数值相似，这与太阳和建筑物的相对位置及太阳方位密切相关。

从图 2-27 中可知，在夏季，方案一比方案二的平均辐射温度（MRT）平均低 10.2℃，两个方案的热舒适度差距明显，最高差值达到 15℃，出现在正午 12:00，且方案二的 MRT 值大部分都处于 50℃以上，最高达到 61℃；方案一的 MRT 值在 12:00 之前均在 40℃以下，12:00 以后呈上升趋势，但与方案二的 MRT 值差距明显，且 16:00 以后的下降趋势也优于方案二。

在冬季，方案一比方案二的 MRT 值平均低 1.7℃，热舒适度差距较小，MRT 值比较接近。

2.3.3　验证研究的总结

通过利用数值模拟技术对两个方案的微气候效应进行的初步对比研究表明，地下停车的开发对于改善城市居住区的微气候有显著的效果。与设置地面停车相比，进行地下停车开发可以显著地降低空气温度、产生良好的热舒适环境、减少空气中 CO_2 的浓度，使地面微气候参数的分布更加均衡；并且地面绿化面积的增加，可以增加小区的景观，对于创造宜居的城市环境有积极作用。

但是此研究仅采用了"有无对比法"，考虑因素经过简化，其研究结果较为简单，局限于地下空间开发对城市微气候改善效果的初步验证，不能用来系统分析地下空间规划设计要素与城市微气候指标之间的内在联系，更不能用来研究地下空间开发各要素对城市微气候影响的规律。若要达到上述研究目的，需要进行深入、系统的科学研究。

2.4　地下空间开发对城市微气候影响的关键研究问题

地下空间对于城市微气候的研究至今还处于起步阶段，系统科学的研究体系还没有建立。由于该课题涉及地下空间、城市规划、城市气候学等多个学科的问题，为了进行系统有效的研究，对于该课题关键、首要的研究问题的确定是必要的。

本章已经对地下空间开发与城市微气候的关联性进行了分析。在地下一体化的背景下，地下空间开发通过对城市形态、城市下垫面的改变及通风空调系统的作用而对城市微气候产生影响，为了探讨地下空间开发利用对城市微气候的影响规律，并取得有效的研究数据和结果以指导地下空间的开发利用，将该课题需要研究的主要问题确定为以下 3 个方面。

1. 地下空间开发对城市下垫面及城市微气候的影响

梳理和明确各项城市微气候指标，分析地下空间开发与城市下垫面之间的关系，界定地下空间学科的研究切入点和范围。定量分析城市地下空间开发功能、开发量对城市下垫面的影响机制，确定关键的地下空间要素对城市下垫面的属性、类型、植被覆盖程度及其面积等绿植参数的改变与城市微气候指标的关系。基于上述基础确定城市地下空间开发对城市下垫面及城市微气候指标之间的影响规律。

2. 地下空间开发对城市形态及城市微气候的影响

在宏观上分析地下空间开发对城市形态的演变机制及其对城市微气候的影响。在微观上分析地下空间开发模式、开发规模及其规划设计、形状指数等空间特征对城市平面布局、空间几何形状、城市密度、容积率、街区层峡结构等城市形态指标的影响关系及其对城市微气候的改变，确定基于城市形态改变的地下空间开发对城市微气候的影响规律。

3. 地下空间通风空调及环境控制系统对城市微气候的影响

分析不同功能地下空间开发对城市出行、城市人流的影响，以及地下空间内人流的行为特征、活动时间、行为目的等人流特征，确定地下空间内部环境内的污染空气的主要污染物及热湿含量，确定地下空间内部环境控制通风空调系统的负荷；由此计算分析不同地下空间功能、开发量、布局形态，以及地下空间通风设备布局方式、通风模式等要素下地下空间内部排热、排湿及废气排放对城市微气候的影响。

第 1、2 两个方面的问题，将分别在第 4、5 两章内容中进行研究。

第 3 章

地下空间开发区域
城市微气候的实验研究

3.1 地下空间开发区域城市微气候的现场实测

现场实测是了解地下空间开发对城市微气候影响的必要环节，也是指导建立仿真实验方案和进行理论分析的基础。

地下空间开发对区域城市微气候的影响，最理想的实验应当是对同一区域开发地下空间前后分别进行测试，这样得到的实验数据是最合理与科学的。但是由于地下空间开发的特点，地下空间与地面建筑都是同时进行规划与建设的，故而难以找到适合进行现场实测的地下空间开发项目，进行此类型的实验。因此，对于地下空间开发对城市微气候影响的研究，应当以软件模拟为主、现场实测为辅。在目前条件下，可以进行的实验主要是对地下空间开发后所形成的区域微气候进行实测。

为了了解城市地下空间开发区域微气候的特征和效果，分别于 2014 年 6 月 10—12 日、6 月 19—21 日利用激光测距仪和红外热像仪（图 3-1、图 3-2）完成了以下两项实验。

（1）南京市河西中央公园微气候实测。

（2）南京博物院地下中庭微气候实测。

两项实验的基本情况及仪器参数如表 3-1 所示。

图 3-1　激光测距仪　　　　　　　图 3-2　红外热像仪

表 3-1　微气候实测实验基本情况及仪器参数

实验名称	实验日期及时间	测量参数	测量仪器	仪器精度	采集频率及方法
南京市河西中央公园微气候实测	6月10—12日（8:00～17:00）	下垫面温度	大立 DL-700C 红外热像仪	0.1℃	1h（手动）
		场地尺寸	激光测距仪	0.1m	手动
南京博物院地下中庭微气候实测	6月19—21日（8:00～17:00）	下垫面温度	大立 DL-700C 红外热像仪	0.1℃	1h（手动）
		场地尺寸	激光测距仪	0.1m	手动

3.1.1　南京市河西中央公园微气候实测

1. 测试场所介绍

河西中央公园位于南京市河西新城 CBD 商务轴线与河西大街商业轴线交汇的中心轴点，该公园主要由 3 个下沉广场、人工湖和景观绿化构成。河西中央公园尺寸为 340m×300m，3 个下沉广场标高为 −6m，整个河西中央公园区域全部进行了地下空间开发，以地下一层开发为主，局部地下二层开发，地下空间规模为 $1.05×10^5 m^2$，主要功能为地铁站、地下停车、地下大型超市与地下餐饮。该公园的平面及周围环境图，以及实景图分别如图 3-3、图 3-4 所示。

（a）河西中央公园卫星图　　　（b）河西中央公园模型平面图

（c）河西中央公园周围建筑前视图　（d）河西中央公园周围建筑后视图

图 3-3　河西中央公园平面及周围环境图

图 3-4　河西中央公园实景图

该公园地下空间开发所形成的地面景观、建筑小品、下沉广场及周边建筑形态,具有我国目前城市中心区及城市 CBD 核心区地下空间开发所形成的城市形态布局的典型代表性——在高密度、高容积率及高层建筑围合下形成地面绿地公园。对该公园的微气候进行实测,能够有效地掌握此类型地下空间开发所形成的城市微气候特征。

2. 测点布置

河西中央公园内共布置了 8 个测点,如图 3-5 所示,主要测量下沉广场(测点 3、测点 4、测点 8)、大面积水体(人工湖)(测点 5)、草坪(测点 2)、景观乔木(测点 6)、硬质铺地(测点 7)及人行道路(测点 1)等不同下垫面的温度。各测点的位置如图 3-5 所示,部分测点周边环境如图 3-6 所示。

3. 测试结果及分析

对河西中央公园的现场实测是于 6 月 10—12 日进行的,每天 8:00~17:00 的每个整点记录测点的下垫面温度,实验选择在晴天或多云没有降雨(降水量为 0)的天气状况下进行,实验气象数据如图 3-7 所示;图 3-8 为各测点在 6 月 10 日 12:00 的红外热成像图,图中标示了最高温度点及温度。

图 3-5 河西中央公园测点分布

图 3-6　测点 2、测点 5 周边环境

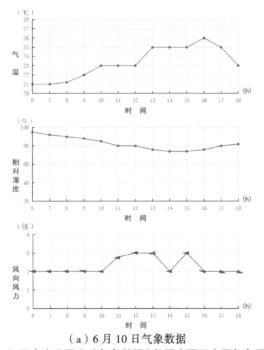

（a）6 月 10 日气象数据

图 3-7　河西中央公园实验气象数据（数据来源于中国气象局网站）

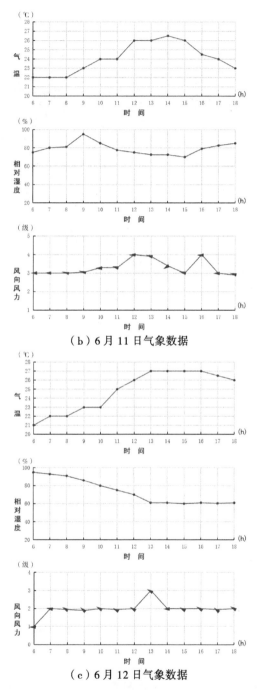

（b）6月11日气象数据

（c）6月12日气象数据

图 3-7　河西中央公园实验气象数据（数据来源于中国气象局网站）（续）

注：风向箭头按照上北下南标示。

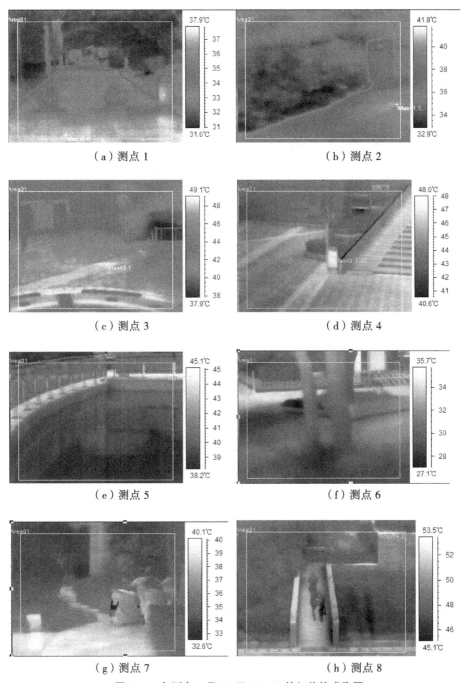

图 3-8　各测点 6 月 10 日 12:00 的红外热成像图

实验完成后使用红外热像仪的红外热成像图分析系统对每个测点的实测数据进行提取和分析（图3-9）。

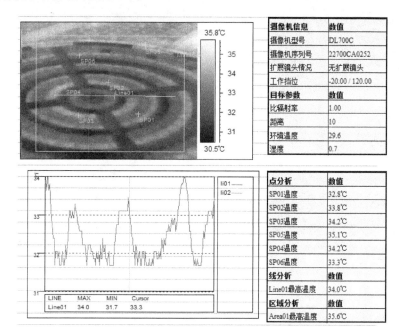

摄像机信息	数值
摄像机型号	DL700C
摄像机序列号	22700CA0252
扩展镜头情况	无扩展镜头
工作挡位	-20.00 / 120.00
目标参数	**数值**
比辐射率	1.00
距离	10
环境温度	29.6
湿度	0.7

点分析	数值
SP01温度	32.8℃
SP02温度	33.8℃
SP03温度	34.2℃
SP05温度	35.1℃
SP04温度	34.2℃
SP06温度	33.3℃
线分析	**数值**
Line01最高温度	34.0℃
区域分析	**数值**
Area01最高温度	35.6℃

图3-9　测点3于6月11日10：00的红外热成像图分析

6月10—12日各测点逐时下垫面温度实测结果如图3-10所示。

由图3-10各测点逐时下垫面温度统计可知，测点2与测点5的下垫面温度曲线比其他6个测点的温度曲线更加平稳，最高温度与最低温度相差较小，波动幅度在8℃之内，且最高温度明显低于其他测点，与其他测点的最高温度相差能够达到18℃左右，这表明绿化与水体对降低地面环境的温度有显著的作用。测点1、测点3、测点4、测点6、测点7、测点8由于处于硬质铺地之上，最高温度与最低温度相差很大，达到22～24℃。测点6的温度是在除测点2、测点5之外最低的，但与其他测点相差不大，平均低3℃，最高相差6℃（6月12日12：00），这是因为测点6位于硬质地面乔木绿化之中，受到周围乔木对阳光的遮挡作用，所以地面的温度较低。所有测点中温度较高的是测点1与测点3，比其他高温测点温度高2℃左右，这是因为这两个测点都是深色铺地，对热辐射和太阳辐射有较高的吸收作用。测点1、测点3、测点4、测点6、测点7、测点8的最高温度

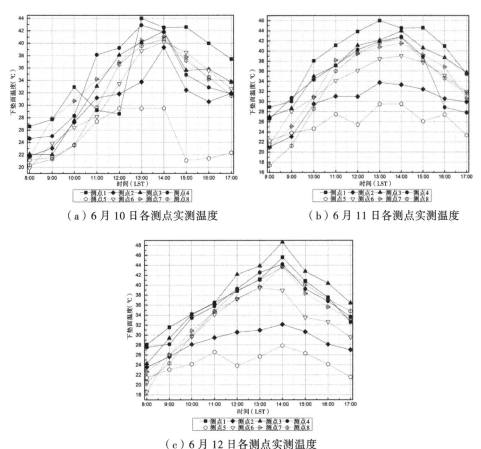

（a）6 月 10 日各测点实测温度　　　　　　　（b）6 月 11 日各测点实测温度

（c）6 月 12 日各测点实测温度

图 3-10　6 月 10—12 日各测点逐时下垫面温度

相差不大（13：00 与 14：00），在 1.8℃ 之内，这是由于在 12：00 太阳运行到天球
中央（图 3-11），对地面进行直射，没有物体与植被遮挡，因此造成材质相同
的测点吸收的太阳辐射相近，正午过后太阳辐射虽然减弱，但是地面获得的太
阳辐射热量仍然增多，当地面吸收热量开始小于地面辐射热量的时刻（13：00 与
14：00），达到最高值。其中 13：00 出现最高值，且与 14：00 下垫面温度相差不
大，应为实际测量的误差所致。

　　由该实验分析可知，不同材质下垫面温度由高到低排列为：水体＜草地＜
乔木遮挡＜浅色硬质地面＜深色硬质地面。乔木的树荫遮挡、草地的蒸腾作用
与水体的蒸发，能够有效改善城市的微气候指标。在河西中央公园中，由于地

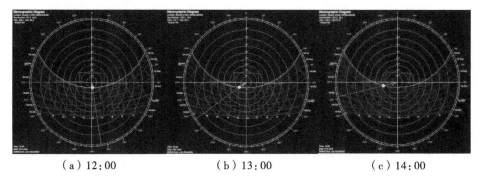

（a）12:00　　　　　　　（b）13:00　　　　　　　（c）14:00

图 3-11　南京市 6 月 10 日 12:00～14:00 日轨分析图

下空间的开发，地面进行了大面积的水体、植被景观布置与绿化，有效改善了该区域的地面微气候。实验期间所遇到的在绿化景观中休憩纳凉的市民即为证明（图 3-12）。

图 3-12　在河西中央公园中休憩纳凉的市民（6 月 12 日 13:40）

　　其中需要注意的是，位于下沉广场中的三个测点：测点 3、测点 4 与测点 8。测点 3 与测点 4 在 10:00 之前、测点 8 在 11:00 之前与测点 1、测点 7 相比温度都较低，在 11:00～15:00 时间段温度接近，温度曲线趋势相同将近重合，测点 4 与测点 8 在 15:00 之后，测点 3 在 16:00 之后与测点 1、测点 7 相比温度又较低，且温度曲线下降较快。其原因在于下沉广场对于太阳辐射的遮挡作用，在 8:00～9:00 时间段内，太阳处于上升阶段，下沉广场东侧的墙壁对太阳辐射形成遮挡，使测点处于阴影之中，温度较低；16:00 之后，下沉广场西侧的墙壁则又对太阳辐射形成遮挡。因此，由于测点 4 下沉广场形状为西高东低，所以在 15：00 之后温度下降较快；测点 8 下沉广场高宽比较高，对太阳的遮挡时间长于测点 3、测点 4，温度也低于测点 3、测点 4（0.8～2.5℃）。由此可知，地下空间开发所形成的下沉广场空间形态，对于地面微气候同样有一定的改善效果。

　　为了验证此结论，进一步针对地下空间开发所形成的下沉空间微气候进行了南京博物院地下中庭的微气候实测实验。

3.1.2　南京博物院地下中庭微气候实测

1．测试场所介绍

　　如图 3-13 所示，南京博物院位于南京市紫金山西南角中山门，总平面为较规则矩形，宽 180m，长 386m，总用地面积 67273m²，总建筑面积 84500m²，地上建筑面积 52229m²，地下建筑面积 32271m²，整个博物院地下空间全部连通，形成一个整体。实验所选地下中庭位于博物院南端，长 80m，宽 20m，深 6m，中部有宽 20m 的道路分割，具体尺寸标注如图 3-14 所示。

图 3-13　南京博物院全景模型、卫星图及地下中庭实景照片

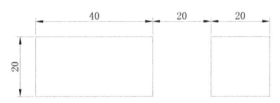

图 3-14 南京博物院地下中庭尺寸标注(单位:m)

该地下中庭结构简单,地面与中庭内部下垫面组成种类只有硬质铺地和草坪两类(图 3-15),通过对地表和中庭下垫面温度的实测,能够初步分析了解地下空间开发所形成的下沉空间对微气候的影响。

图 3-15 地下中庭周围地表下垫面由硬质铺地与草坪构成

2.测点布置

对南京博物院地下中庭选择了 6 个测点进行实测,测点分布如图 3-16 所示。

图 3-16 地下中庭微气候测点分布

其中,测点 1、测点 2、测点 6 位于地面,测点 1 为地表草坪,测点 2、测点 6 呈对称分布分别位于中庭两侧的硬质铺地;测点 3、测点 4、测点 5 位于地下中庭,测点 4 为地下中庭的草坪,测点 3、测点 5 呈对称分布分别位于地下中庭草坪两侧的硬质铺地。

3. 测试结果及分析

　　对南京博物院地下中庭的现场实测是于 6 月 19—21 日进行的,每天 8:00～17:00 的每个整点记录测点的下垫面温度,实验选择在晴天或多云没有降雨(降水量为 0)的天气状况下进行,天气气象数据如图 3-17 所示;图 3-18 为

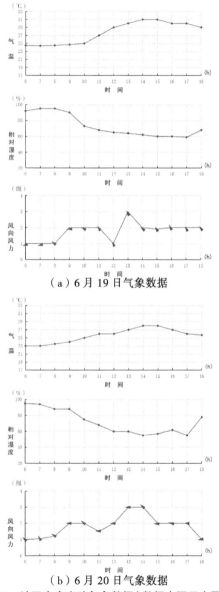

（a）6 月 19 日气象数据

（b）6 月 20 日气象数据

图 3-17　地下中庭实验气象数据(数据来源于中国气象局网站)

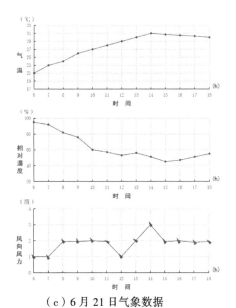

（c）6月21日气象数据

图 3-17　地下中庭实验气象数据（数据来源于中国气象局网站）（续）

注：风向箭头按照上北下南标示。

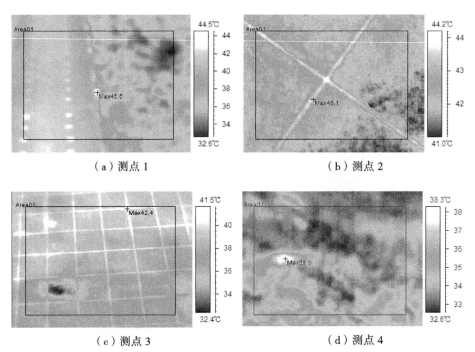

（a）测点1　　　　　　　　　　　（b）测点2

（c）测点3　　　　　　　　　　　（d）测点4

图 3-18　测点 1～测点 4 在 6 月 20 日 12：00 的红外热成像图

测点 1、测点 2、测点 3、测点 4 在 6 月 20 日 12∶00 的红外热成像图，图中标示了最高温度点及温度。

　　同样使用红外热像仪的红外热成像图分析系统对每个测点的实测数据进行提取和分析（图 3-19）。

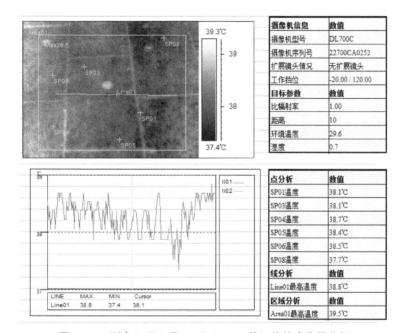

图 3-19　测点 2 于 6 月 21 日 11∶00 的红外热成像图分析

　　6 月 19—21 日各测点逐时下垫面温度实测结果如图 3-20 所示。

　　由图 3-20 可知，6 个测点的最高温度均出现于 14∶00。测点 1、测点 4 位于草坪之上，温度曲线明显低于测点 2、测点 3、测点 5、测点 6，且测点 1、测点 4 的温度曲线变化平缓，其他 4 个测点一天之内温度变化较大，温度曲线呈现明显的上升与下降趋势，一天之内温度变化可达到 29℃（6 月 19 日测点 6、6 月 19 日测点 5）。这表明绿化对于改善微气候具有积极作用。

　　为了分析下沉空间对微气候的影响，单独对比测点 1 与测点 4、测点 2 与测点 3、测点 5 与测点 6。

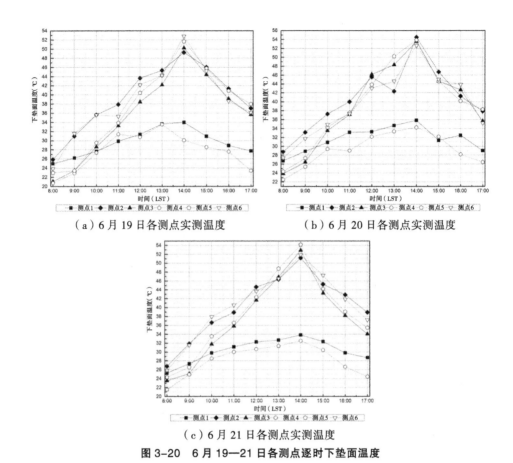

（a）6月19日各测点实测温度　　　　（b）6月20日各测点实测温度

（c）6月21日各测点实测温度

图 3-20　6月 19—21 日各测点逐时下垫面温度

测点 4 由于位于地下中庭，温度平均比测点 1 低 1.2~1.6℃，且大体趋势是在 10:00 之前与 15:00 之后与测点 1 的温度相差相对较大，但是在 11:00~14:00 时间段内，测点 1 与测点 4 的温度曲线相差不大，在 6 月 19—20 日的实测温度图中，两条曲线在该时间段都有部分重合，但是个别时点差距较大，考虑到实际情况误差的影响，表明地下中庭对阳光的遮挡作用能够影响到微气候的指标。

该现象在测点 2 与测点 3、测点 5 与测点 6 的对比中表现得更为明显。地面测点与地下中庭测点温度曲线之间的差值，在 8:00~14:00 之间，随着时间的增加而逐渐缩小，在 14:00 差值达到最小。在 14:00 之后，随着时间的增加，温度曲线的差值则呈现变大的趋势，16:00之后该趋势更加明显，差值达到2～2.5℃。

但是地面测点与地下中庭测点温度之间相差的最大值出现在8:00，为2.6～3.8℃，大于日落前后出现的差值。这是由于下午地下中庭地面仍然受到太阳辐射的作用，在散热的同时还在吸收热量（散热＞吸热），但是在太阳完全落下之后，经过晚上的散热作用，在日出之前地面温度达到一天之中的最低点。又由于地下中庭的遮挡作用，在日出之后地下中庭的测点无法受到太阳辐射的直接照射作用，地下中庭的测点散热速度快于地面测点的散热速度，因此在实测数据中8:00为地面测点与地下中庭测点温差的最大时刻。

由此可以确定，由于地下空间开发所形成的下沉空间形态，以及对太阳辐射的遮挡作用（图3-21），起到了改善区域微气候的作用。且该作用由于下沉空间的几何形态不同（长度、宽度、深度比例不同），对太阳辐射形成的遮挡作用与程度不同，因此对微气候的改善作用也不同。根据实验结果，一般在10:00之前与16:00之后，下沉空间能够形成优于地面的局部微气候。

而下沉空间微气候的改善，由于空气流动、对流与热量交换的作用，也会对下沉空间周围的地面环境产生改善作用，这一作用需要进行深入的专业研究。

图3-21　下沉广场对阳光遮挡形成的阴影（6月20日16:00）

3.1.3 微气候实验小结

通过现场实测和数据分析可以得到以下结论。

（1）由于地下空间的开发，可以将部分城市功能（商场、停车、餐饮）放入地下，可以利用节省下来的地面进行城市公园绿地开发，对城市进行大面积的水体、植被景观布置与绿化，利用景观绿化的热属性，改善地下空间开发区域的微气候，形成良好的市民室外活动空间。

（2）由地下空间开发所形成的下沉空间形态，能够对太阳辐射形成遮挡作用。根据下沉空间形态的不同，在一定的时间和空间范围内能够改善下沉空间内的微气候，并且能够对下沉空间周围的微气候产生一定的改善作用。

3.2 微气候模拟软件 ENVI-met 的校验

3.2.1 微气候模拟软件 ENVI-met

虽然目前关于城市热岛及城市微气候等方面的研究日渐增多，但是针对这两种现象而专门开发的数值模拟软件比较少，尤其是可以准确模拟景观绿化、室外微气候与建筑物之间关系的软件。

目前国内外针对室外微气候进行模拟研究多采用微气候模拟软件 ENVI-met。因为其可以方便准确地对城市街区中尺度环境的风、热、湿环境和日射环境等微气候指标进行耦合模拟计算，能够用细网格（最小可达 $0.5\mathrm{m} \times 0.5\mathrm{m}$）来模拟分析室外微气候参数及热舒适状态的分布情况，因而在城市微气候学和城市微气候研究领域得到广泛的应用，被认为是"目前室外微气候科研领域最好的流体力学模拟软件"。

在国内已有研究对 ENVI-met 软件的适用性进行了系统的校验，证明了ENVI-met 在国内气候环境下的适用性和准确性。清华大学林波荣对 ENVI-met的植物模型进行的分析研究[28]，证明其边界条件能够很好地与空气温度、相对湿度等典型气象日逐时气象参数相吻合，从而模拟不同天气状况下的微环境状况。华中科技大学王振通过对武汉保成路商住混合街区现场进行实际测试，对 ENVI-met 的夏季和冬季的多项模拟参数进行了校验，证明 ENVI-met 能够对含有风流量、热流量、湍流量和辐射量在内的 UCL 大气过程中所涉及的环境参量交换过程进行完整的耦合计算，在中等尺度城市规模的室外微气候的整体数值计算上有明显的优势（能够对各种微气候环境参量进行耦合计算及日循环非稳态计算）[29]。华南理工大学陈卓伦采用住宅组团室外微气候实验数据对 ENVI-met 在中国湿热地区的微气候模拟中的适用性及差异性进行了校验研究[30]，证明了使用典型气象日（Micro TMD）气象数据并结合 ENVI-met 软件对微环境进行逐时模拟，能够在保证模拟精度的前提下，有效缩短模拟时间，满足中等尺度城市景观规划设计阶段快速判断各种方案室外热舒适程度的要求。

　　由于 ENVI-met 在国内气候环境中具有适用性和准确性，并且涉及多个模型体系，可以通过有限数量的数据输入提供大量的数据输出，尤其可以计算室外微气候质量及热舒适性指标的关键参数——平均辐射温度 MRT，因此本研究也采用 ENVI-met 来分析地下空间开发对城市微气候产生的影响。

　　利用 ENVI-met 进行微气候模拟，首先需要在 ENVI-met 中建立模拟区域的数字地图，然后输入宏观气象参数初始值和模拟控制参数，定义下垫面及建筑的热工属性，最后对模拟结果进行图形化分析和数据处理。

　　ENVI-met 的输入量和计算结果输出量如表 3-2、表 3-3 所示。

表 3-2　ENVI-met 的输入量

类别	输入量
宏观气象参数	地理位置、10m 高风速、风向、初始空气温度、2500m 高含湿量、2m 高相对湿度、每天云量、太阳辐射强度调整系数
下垫面及建筑属性	不同深度土壤初始温度及相对湿度、建筑室内温度、围护结构传热系数及反射率
模拟控制参数	模拟起始及终止时刻、模拟时长、不同太阳高度角下的时间步长、边界条件种类、湍流模型、嵌入网格个数

表 3-3 ENVI-met 的计算结果输出量

类别	输出量
微气候参数	风速及风向、空气温度、含湿量、叶片表面温度、直射及散射短波辐射、短波反射辐射、环境长波辐射
微环境空气质量（污染物）	污染物浓度、CO_2 分布
构筑物参数	LAD 分布、天空视域因子 SVF
生物气象参数	平均辐射温度 MRT、PMV、SET

3.2.2 ENVI-met 的校验录

如 3.2.1 节所述，国内已有学者对 ENVI-met 在中国气候环境条件下的适用性与准确性进行了系统的校验研究。本节内容将对 ENVI-met 在本书的具体研究中的准确性和适用性进行进一步的校验。

由于本书的研究方案均设定为在南京的气候环境下进行，因此本书利用河西中央公园下垫面温度实测数据完成对数值模拟软件的比较和检验，以确定 ENVI-met 在研究背景气候条件下的适用性。

校验方案首先在 ENVI-met 中建立河西中央公园的数字模型，分别采用 6 月 10 日、6 月 11 日、6 月 12 日 6:00 的气象数据作为气象参数输入量，进行时长 24h 的模拟计算，对比分析各测点实测值与模拟值之间的吻合性。

由于本书后续研究所采用的气象参数输入量为南京市 6 月的标准气象数据，因此采用南京市典型夏季日气象数据作为输入量，进行相同的模拟校验。

ENVI-met 中建立的河西中央公园数字模型与测点如图 3-22 所示，各模拟方案的输入参数与网格数、模拟时长等如表 3-4～表 3-7 所示，模拟结果示例如图 3-23 所示。

表 3-4 6 月 10 日模拟计算输入参数

模拟初始值							
气象日	初始大气温度 /K	相对湿度	风速 /(m·s⁻¹)	风向 /(°)	网格数 (XYZ)	模拟初始时间	模拟时长 /h
6 月 10 日	294.05	97%	1.2	112.5	170 × 150 × 20	6:00	24

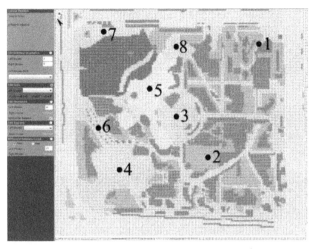

图 3-22　河西中央公园数字模型与测点

表 3-5　6 月 11 日模拟计算输入参数

气象日	模拟初始值						
	初始大气温度 /K	相对湿度	风速/ (m·s⁻¹)	风向/ (°)	网格数 (XYZ)	模拟初始时间	模拟时长/h
6 月 11 日	291.05	96%	1.7	135	$170 \times 150 \times 20$	6：00	24

表 3-6　6 月 12 日模拟计算输入参数

气象日	模拟初始值						
	初始大气温度 /K	相对湿度	风速/ (m·s⁻¹)	风向/ (°)	网格数 (XYZ)	模拟初始时间	模拟时长/h
6 月 12 日	293.05	98%	2.6	123.5	$170 \times 150 \times 20$	6：00	24

表 3-7　南京市（典型夏季）日模拟计算输入参数

典型气象日	模拟初始值						
	初始大气温度 /K	相对湿度	风速/ (m·s⁻¹)	风向/ (°)	网格数 (XYZ)	模拟初始时间	模拟时长/h
6 月 23 日（夏季）	294.95	80%	2.4	157.5	$170 \times 150 \times 20$	6：00	24

注：风向中 0° 为北、90° 为东、180° 为南、270° 为西。

从图 3-23 的模拟分布图中可以看出，在同一时刻点，公园内水体与绿化区域的地表温度远小于硬质地面的温度，对植被的蒸腾降温作用与水体的蒸发降温作用有很好的反应。浅色硬质地面区域的地表温度小于深色硬质地面区域的地表温度，对不同下垫面材质的热属性也有准确的反应。该模拟分布图也表现出了 3 个下沉广场对太阳辐射遮挡作用所形成的下沉广场地表温度的特征，在 16:00 时，3 个下沉广场西侧的地表温度小于其他位置的地表温度。

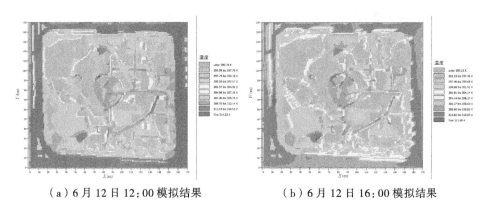

（a）6 月 12 日 12:00 模拟结果　　　　　　（b）6 月 12 日 16:00 模拟结果

图 3-23　ENVI-met 模拟的河西中央公园地表温度分布图

通过定性分析可知，模拟结果与现场实测结果保持了较好的一致性。需要注意的是，由于数值模型尺度和精度的局限性，数值模拟范围内近边界部分（公园周围道路区域）并不能准确模拟出河西中央公园微气候的连续性特点，在 ENVI-met 模型中间区域范围（河西中央公园区域）的模拟值才具有和实测值进行比较验证的价值和意义，因此该研究的各测点均分布于准确模拟区域。

图 3-24～图 3-26 为各测点在 6 月 10 日—12 日实测值与模拟值的比较。

图 3-24～图 3-26 对测点的实测值与模拟值进行了对比校验，可以看出实测值和模拟值在一定程度上存在相似吻合。不同测点的实测下垫面温度和模拟下垫面温度的曲线在 8:00～9:00 的演化趋势非常相似，最低温度都出现在 8:00，最高温度出现在 14:00（只有 6 月 10 日测点 1 与测点 4、6 月 12 日测点 6 峰值出现在 13:00，相差 1 小时左右，与测点的具体位置、天气状况与环境有关），14:00 之后温度曲线继续下降，曲线的上升与下降速度也相近。

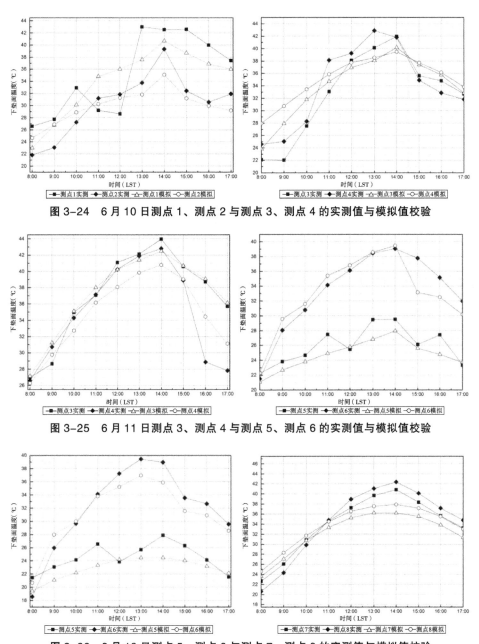

图 3-24　6 月 10 日测点 1、测点 2 与测点 3、测点 4 的实测值与模拟值校验

图 3-25　6 月 11 日测点 3、测点 4 与测点 5、测点 6 的实测值与模拟值校验

图 3-26　6 月 12 日测点 5、测点 6 与测点 7、测点 8 的实测值与模拟值校验

使用当天的气象数据作为初始参数输入计算，得到的 8:00 中的模拟值和实测值非常接近，6 月 11 日测点 3、测点 4 与测点 5、测点 6 的 8:00 的实测值与模拟值相差不到 0.3℃，6 月 10 日测点 3、测点 4 在 8:00 的实测与模拟值相差最大，为 1.2℃，误差在 ±3% 以内。在测点的实测值与模拟值校验中，14:00 峰值的差别最高为 3.4℃，出现在 6 月 10 日测点 2。从图 3-24～图 3-26 的实测值与模拟值的温度曲线温差可知，整体温差在 2℃左右，表明在仪器误差范围内，模拟值与实测值可以近似认为是相等的。

6 月 10 日测点 1 在 12:00、6 月 11 日测点 6 在 15:00 的实测值与模拟值的温差分别达到了 7.8℃、4.5℃，这个差异远大于仪器的测试精度（±4%），但是 6 月 11 日 14:00 之前的实测值与模拟值曲线近似重合，这是由于 6 月 10 日整天风速变化较大，6 月 11 日则上午气候条件良好，风速较小，风向变化不大，下午天气状况变差，而 ENVI-met 目前不支持动态风速和风向的模拟，无法准确反映风场的瞬时多变性对模拟区域内风环境的影响。但从工程实际角度来看，动态逐时环境模拟需要消耗大量的计算资源和计算时间，对优化城市设计与规划意义不大。目前城市气候学与城市规划交叉领域，多采用季节的典型气象日的平均风速及最大频率风向作为微气候环境模拟边界条件，已能满足城市微气候研究与 CFD 辅助优化方案的需要。

从图 3-27 中可以看出，采用南京市典型夏季日气象数据作为气象参数输入进行模拟，所得的结果与实测值吻合良好。实测值与模拟值的曲线演化趋势非常接近，温度峰值出现时间与最低值出现时间一致，峰值相差在 1.5℃以内，其中测点 2、测点 5、测点 7、测点 8 峰值相差在 0.4℃以内。大部分测点的实测与模拟温度曲线温差在 2℃以内，在仪器误差范围内，其中测点 2、测点 3、测点 4、测点 7、测点 8 实测与模拟温度曲线吻合良好，平均误差在 1℃以内，只有测点 1 在 14:00、测点 5 在 12:00 出现较大的温差，在 3.8℃左右，考虑到实际天气情况与整体数据情况，该差距是可以接受的。

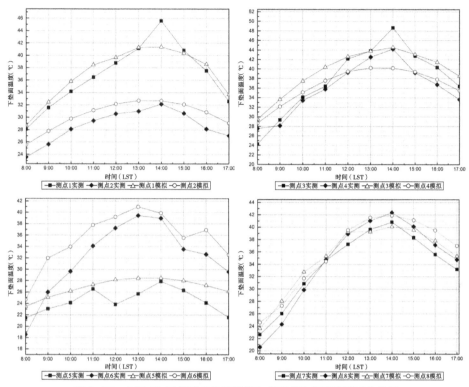

图 3-27　6 月 12 日各测点的实测值与模拟值（典型夏季日）校验

3.2.3　ENVI-met 校验总结

通过对河西中央公园下垫面实测温度与模拟温度的对比校验可知，通过对模拟方案设置合适的网格划分、模拟时间、模拟时长，并采用准确的气象数据，ENVI-met 能够比较准确地模拟南京夏季室外微气候的逐时变化状况。采用夏季典型日气象参数，通过对微气候环境的整体数值计算，ENVI-met 能够模拟得到符合实际气象条件的夏季室外微气候指标数据值，其模拟精度与准确度能够满足本书对地下空间开发分析模型进行数值计算的需要与要求。

本结论是下一步展开地下空间开发对城市微气候影响规律理论研究的基础和依据。

第 4 章

地下空间开发对城市下垫面及
城市微气候的影响研究

本章的研究内容为地下空间开发对城市下垫面的改变及其对城市微气候产生的影响。本章选取地下停车功能作为地下空间开发对城市下垫面影响的研究对象，以南京的城市中心区的地下停车开发为例，分析研究了地下停车开发对城市微气候的改善效果。通过此研究证明了城市地下空间的开发能够通过实施用地控制、调整下垫面形式、优化景观结构达到改善城市地面绿化、提高城市地面环境、减弱城市热岛效应的效果。

4.1 研究背景

随着中国经济的快速发展，城市人口增加，生产和交通工具发展，城市机动车保有量持续大幅增长，引起了城市问题的增加。近 20 年来（尤其是近 10 年来），中国民用汽车及载客汽车的保有量增长迅速，年平均增长率超过 15%，截至 2022 年 6 月底，全国汽车保有量达到 3.1 亿辆[31]。城市机动车保有量的增长，带来了对停车设施需要量的剧增，停车场占去了城市越来越多的土地（图 4-1）。2020 年中国城市人均绿化面积为 14.8m^2[32]，远未达到联合国建议的城市公共绿地人均 40m^2 的水平，停车空间与停车需求两者之间失去平衡，形成停车空间扩展与城市用地不足的矛盾，出现城市停车问题。

为了继续扩大城市停车空间，在城市开发过程中，使相当一部分停车设施地下化，建设地下停车场，是解决城市停车问题、改善城市交通的有效途径。地下停车具有三个方面优点：第一，地下停车可以节约地面停车面积，能够比

图 4-1　地面停车场占据大量城市土地

地面停车相同面积的城市提供更多容量车位；第二，地下停车库位置受到的限制较小，可在城市用地紧张的区域满足停车要求，能够缓解容积率高的城市中心区的停车需求；第三，地下停车节省城市用地，对节约的地面土地进行绿化及公共空间开发，能够改善城市环境，形成良好的社会经济效益。

目前，地下停车已经是中国城市建设的必要功能，城市规划与设计的规范规定新建的大中型公共建筑和住宅必须依据配建指标修建地下停车设施。其中中心城区由于土地价值高、绿地面积紧缺，规定配建指标以地下停车为主，其他土地价值相对较低的地区，则规定采取地下停车与地上停车相结合的方式。在中国的重要地下空间建设项目中，地下停车也是专家和政府部门提倡和推广的主要的地下空间开发项目。例如，在广州珠江新城核心区地下空间开发项目中，地下空间总建筑面积 $4.4 \times 10^5 \mathrm{m}^2$，其中地下停车面积达到 $1.4 \times 10^5 \mathrm{m}^2$，约占地下空间开发规模的 32%；杭州钱江新城地下空间总建筑面积为 $2.58 \times 10^6 \mathrm{m}^2$，其中地下停车面积则达到 $1.88 \times 10^6 \mathrm{m}^2$，约占地下空间开发规模的 73%。地下停车不仅在北京、上海、广州等大城市得到大规模建设，在济南、郑州、南通、荆州等中小城市也得到了推广和建设，开发规模和数量逐年递增。地下停车的开发与建设，既节省了城市的土地资源，又改善了城市地面环境品质。

因此，在研究城市地下空间开发对城市微气候的影响过程中，选择地下停车作为研究对象具有典型意义。

4.2 研究对象与方案

4.2.1 研究对象

不同城市的热岛效应具有不同的特征，本研究选择南京市南部新城核心区域的地下停车开发作为研究对象。

南部新城核心区是南京市于 2012 年开始规划建设的城市南部中心区，核心开发区规划面积 $32000m^2$，由于南京南站交通枢纽的兴建，使南部新城成为城市的商业中心、交通枢纽职能的主要载体。为了解决该区域目前的土地资源稀缺、交通拥堵、公共服务设施比例失衡、城市建设与生态环境之间的矛盾，南京市政府在南部新城的规划阶段即制定包含地下空间开发的地上地下一体化的规划策略，进行地上地下综合开发，创造地上地下多层次的城市空间，其地下空间开发范围覆盖整个南部新城区域，以地下二层与三层开发为主（图 4-2）。

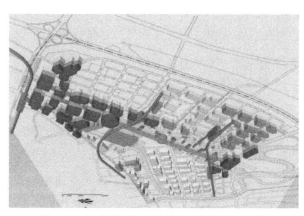

图 4-2 南部新城核心区地下空间分层示意图

研究区域热成像图及卫星图如图 4-3 所示。图 4-3（b）左侧为南京市夏季热岛效应遥感图，南京市夏季热岛效应为 3.77℃，城市建成区全部处于高温区，研究对象处于南部城区中心区，正位于南京市热岛效应强烈的位置。南部新城核心区用地现状分为两部分，如图 4-4 所示。北部区域为汽车交易市场，以混凝土广场地面为主，附属少量办公建筑，建筑高度均在 10m 以下。南部为规划保留用地，大部分为待开发的土地，有少量的低层民居，建筑质量普遍较差。

如图 4-5 所示，根据规划，该研究区域分为 3 个地块。汽车交易市场为甲地块，规划为 3 个建筑体组合而成的商业综合体；规划保留用地划分为乙、丙两个地块，分别规划为单个商业办公建筑。由于该区域位于主要道路的交汇处，且周边为商业与办公区，为满足此处的停车需求，甲、乙、丙 3 个地块均进行地下停车的开发。

根据《南部新城修建性详细规划》规定，该地块的建筑密度、容积率、绿地率、景观设计等规划参数要求如表 4-1 所示。

（a）研究区域热成像图

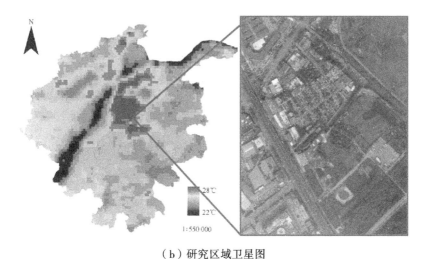

（b）研究区域卫星图

图 4-3　研究区域热成像图及卫星图

图4-4　研究区域现状照片

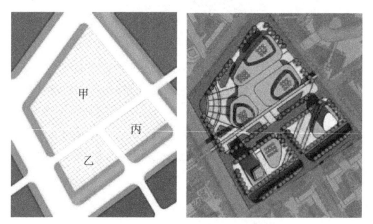

图4-5　研究地块划分及规划概念图

表4-1　研究区域的规划参数要求

地块编号	用地性质	地块面积/m²	开发建筑面积/m²	建筑高度/m	建筑密度	绿地率	地下空间功能
甲	商业建筑	60000	132000	< 20	< 50%	> 30%	地下停车
乙	商办混合	15000	33000	< 20	< 50%	> 30%	地下停车
丙	商办混合	15000	33000	< 20	< 50%	> 30%	地下停车

4.2.2　研究方案

为了研究地下停车开发对该区域微气候的影响变化，本研究设计了不进行地下停车开发（方案 A）、只对甲地块进行地下停车开发（方案 B）及全部进行地下停车开发（方案 C）的 3 个方案，对研究地块的下垫面进行概念化处理，分为建筑、绿地、水体、硬质地面、道路 5 种类型，如图 4-6 所示。

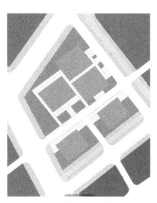

（a）不进行地下停车开发　　（b）只对甲地块进行地下停车开发　（c）全部进行地下停车开发

图 4-6　3 个研究对比方案

按照《南京市建筑物配建停车设施设置标准与准则（2012 年修订）》以及《南京市机动车标准车位配建指标》，在满足建筑开发最低停车要求的基础上，对 3 个研究方案的设计参数如表 4-2～表 4-4 所示。

表 4-2　方案 A 设计参数

地块编号	用地性质	地块面积/m²	建筑高度/m	建筑密度	绿化率	硬质地面	地上建筑面积/m²	停车位	地面停车面积/m²	地下建筑面积/m²	地下空间功能	地下竖向开发
甲	商业建筑	60000	20	45%	20%	35%	132000	1250	13200	0	不开发	不开发
乙	商办混合	15000	20	45%	20%	35%	33000	330	6600	0	不开发	不开发
丙	商办混合	15000	20	45%	20%	35%	33000	330	6600	0	不开发	不开发

表 4-3　方案 B 设计参数

地块编号	用地性质	地块面积/m²	建筑高度/m	建筑密度	绿化率	硬质地面	地上建筑面积/m²	停车位	地面停车面积/m²	地下建筑面积/m²	地下空间功能	地下竖向开发
甲	商业建筑	60000	20	45%	40%	15%	132000	2500	地面绿化	50000	地下停车	地下2层开发
乙	商办混合	15000	20	45%	20%	35%	33000	330	6600	0	不开发	不开发
丙	商办混合	15000	20	45%	20%	35%	33000	330	6600	0	不开发	不开发

表 4-4　方案 C 设计参数

地块编号	用地性质	地块面积/m²	建筑高度/m	建筑密度	绿化率	硬质地面	地上建筑面积/m²	停车位	地面停车面积/m²	地下建筑面积/m²	地下空间功能	地下竖向开发
甲	商业建筑	60000	20	45%	40%	15%	132000	2500	地面绿化	50000	地下停车	地下2层开发
乙	商办混合	15000	20	45%	40%	15%	33000	1000	地面绿化	20000	地下停车	地下2层开发
丙	商办混合	15000	20	45%	40%	15%	33000	1000	地面绿化	20000	地下停车	地下2层开发

4.2.3　地下停车对城市微气候的影响机理分析

根据各方案的参数数据，如果不进行地下停车开发，在满足最低停车泊位数的要求下，仅地面停车，就需要占用 26400m² 的地面面积，绿化率仅有 20%，远低于规划要求的最低 30% 绿化率的标准。随着地下停车空间开发量的增加，地面停车的功能转移到地下，对节约的地面面积进行绿化规划，地面绿化率也随之增加。当地块甲进行地下停车开发时（地下 2 层开发），可以增加 13200m² 的绿化面积，同时甲地块的停车位也增加了 1250 个。

当整个研究地块进行地下两层的地下停车开发后，可以在保证建筑密度和容积率不变的条件下，将绿化率由 20% 增加至 40%，绿化面积增加 26400m²，同时停车位增加 2590 个。可见，地下停车空间的开发，不仅同时解决了城市停车与绿化的两个问题，而且创造了更好的城市环境与交通条件。

随着绿化面积的增加，地面停车面积的减少，地块的下垫面属性发生改变，其微气候也随之改变。

首先，绿地面积的增加会直接降低潜热热流，对能量的分布产生影响，从而减少地表蓄热量、减少日间热容量和转移夜间热岛效应。

其次，绿化带所提供的树荫，可以遮蔽一部分太阳直射辐射，投射在建筑墙体等不透明围护结构上的阴影，也能降低由于热传导引起的建筑散热，从而减少建筑对室外微气候的影响。

最后，绿化树木的树冠和树叶能有效阻挡强风，通过改变来流风的方向及速度，降低冬夏季强风的不利影响。

由此，地下停车开发所增加的绿化用地，对该地块的空气温度、平均辐射温度、空气流速和空气相对湿度等微气候指标产生了良好的影响，进而改善了人的热舒适感觉。

为了详细研究地下停车开发对研究区域微气候的改善程度，本章将进一步采用对中尺度模式的微气候专用模拟软件 ENVI-met，对 3 个研究对比方案的风环境、热湿环境及热舒适度 3 个层面的微气候指标进行模拟计算数据的分析，量化解析地下停车开发对研究区域以及周边区域微气候的影响程度。图 4-7 所示为研究区域及周边区域数据分析点分布图。

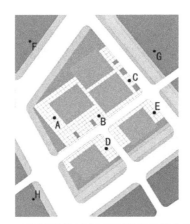

图 4-7　研究区域及周边区域数据分析点分布图

4.3 地下停车开发对城市微气候的指标影响研究

4.3.1 风环境指标分析

图 4-8 为以南京南部新城核心区为对象进行数值解析后获得的 3 个方案在南京典型夏季日风场分布图（6 月 23 日 15：00，地上 1.5m）。从当地标准时间 15：00 所模拟区域的整体三维流场来看，东南来风基本上与研究区域正交，主要道路上的风速明显高于建筑组团中的风速分布，且 3 个方案中道路区域的风速分布均处于较高的范围内。由图 4-8 可知，3 个方案中风速分布的变化区域主要集中于地下停车开发区域，没有进行地下停车开发的区域（道路及周边地块）风速分布特征没有明显变化。通过方案 A 和方案 B 的风速对比可知，在对甲地块进行了地下停车开发之后，由于地面绿化植被的增加，对空气流场产生了阻碍作用，造成甲地块建筑迎风侧的风速明显降低；而方案 C 和方案 B 的风速对比显示，在对乙、丙两个地块进行地下停车开发后，两个地块之间区域的风速也明显降低，且在方案 C 中，由于对整个研究区域进行了地下停车开发，可以看出整个建筑组团区域风速都处于较低水平，产生了较为稳定的风速分布特征。

图 4-9 所示为相同情况下，8 个数据测点在 3 个方案离地 1.5m 高度处风速值从 7：00 到 20：00 的演变过程。8 个数据测点的风速值都呈现出方案 A ＞方案 B ＞方案 C 的特征，这表明随着地下停车开发规模的扩大和地面绿植面积的增加，整个研究区域的风速呈现降低的趋势，且全部进行地下停车开发的方案 C 中的测点风速在 3 个方案中均为最低的，这表明地下空间开发的规模越大，对开发区域的风环境影响越大。

测点 A、测点 B、测点 C、测点 D、测点 E 由于处于地下停车开发区域中，受到地下停车开发和地表下垫面属性变化的直接影响，在不同的方案中风速值变化较大。对比 3 个方案中测点 A～测点 E 的数据，测点 A 和测点 B 由于处于迎风面，在对甲地块进行地下停车开发后风速降幅较大，与方案 A 相比，测点

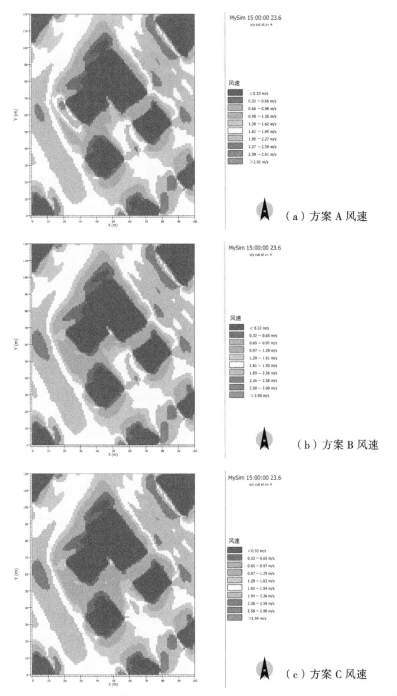

图 4-8　3 个方案在南京典型夏季日风场分布图（6 月 23 日 15：00，地上 1.5m）

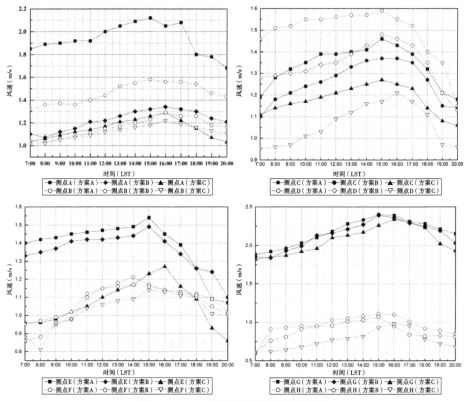

图 4-9 3 个方案数据测点风速对比图

A 风速值降低 0.5~0.8m/s，测点 B 风速值下降 0.2~0.3m/s；而对地块乙、丙继续进行地下空间开发后，对测点 A、测点 B 的风速继续产生影响，但影响较小，与方案 B 相比两测点处风速降低 0.05~0.15m/s。测点 C 由于位于主要道路一侧，受到道路上的风场影响较大，因此在对地块甲以及地块乙、丙分别进行地下空间开发后，由于增加的地表绿植对道路处风场的阻挡作用，都使测点 C 处的风速产生明显变化，下降 0.1~0.15m/s。测点 D、测点 E 与测点 A 的情况相似，在只对地块甲进行地下停车开发后，两测点只受到相邻地块的影响，测点 E 处风速下降仅为 0.1m/s 左右，测点 D 处由于处于建筑物中间，建筑物朝向正好与风向对应，形成风道，受到绿植增加对风的阻挡作用，风速降幅较大，下降 0.2~0.25m/s。在对地块乙、丙进行地下停车开发后，两测点处的风速明显下降，与方案 B 相比，测点 D 处风速下降 0.2~0.35m/s，测点 E 处风速下降 0.13~0.38m/s。

测点 F、测点 G、测点 H 处于地下停车开发区域范围之外，因此在不同的方案中风速值相差不大，但是也呈现方案 A ＞方案 B ＞方案 C 的特征，每个方案之间的风速值相差在 0.05～0.1m/s 之间，全部进行地下停车开发比不进行地下停车开发的风速值最大能够相差 0.2m/s 左右。在这表明地下停车的开发对开发区域周边的风环境也能够产生一定的影响。

在 3 个不同地下停车开发规模的方案当中，方案 A 中的测点风速值是 3 个方案中最高的，其峰值出现在 15：00，且方案 A 中的测点风速昼夜相差较大，最大差值为 0.47m/s（E 测点）。而随着地下停车开发规模的扩大，各测点的风速昼夜变化变小。当全部进行地下停车开发后，部分测点的风速最高值出现时间也推迟到 16：00，形成了更加稳定的风环境。由此可知，当全部进行地下停车开发后所形成的风环境是 3 个方案中最佳的。

4.3.2 空气温度指标分析

图 4-10 为 3 个方案在南京典型夏季日空气温度分布图（6 月 23 日 15：00，地上 1.5m）。从当地标准时间 15：00 所模拟区域的整体三维流场来看，空气温度的分布符合道路＞硬质地面＞水体＞绿植的规律，其中道路处的空气温度远高于其他几种属性下垫面的温度。根据温度分布图可知，3 个方案中空气温度分布的变化区域主要集中于地下停车开发区域。在进行地下停车开发，地面下垫面属性改变为绿植之后，由于植被的蒸腾释放潜热降温的作用以及高大植栽对太阳辐射遮挡形成阴影区域的作用，变化区域的空气温度分布明显降低。通过方案 A 和方案 B 的空气温度对比可知，在对甲地块进行了地下停车开发之后，原地面停车场区域的空气温度明显降低，但是对其他区域的影响不是很明显。而方案 C 和方案 B 的空气温度对比显示，在对乙、丙两个地块进行地下停车开发后，随着下垫面属性的改变以及绿植面积的扩大，整个研究区域的空气温度降低区域明显扩大。且在方案 C 中，由于对整个研究区域进行了地下停车的开发，与方案 A 相比，地块甲处的空气温度降低更为明显，除了道路区域，方案 C 的空气温度呈现更加良好的分布特征。

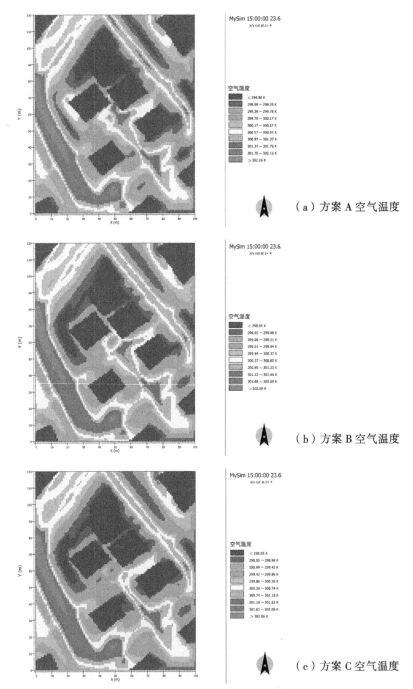

图 4-10　3 个方案在南京典型夏季日空气温度分布图（6 月 23 日 15∶00，地上 1.5m）

图 4-11 所示为相同情况下，8 个数据测点在 3 个方案离地 1.5m 高度处空气温度值从 7:00 到 20:00 的演变过程。8 个数据测点的空气温度值都呈现出方案 A ＞方案 B ＞方案 C 的特征，这表明随着地下停车开发规模的扩大和地面绿植面积的增加，整个研究区域的空气温度呈现降低的趋势，且全部进行地下停车开发的方案 C 中的测点温度在 3 个方案中均为最低的，这表明地下空间开发的规模越大，对开发区域的空气温度影响越大。

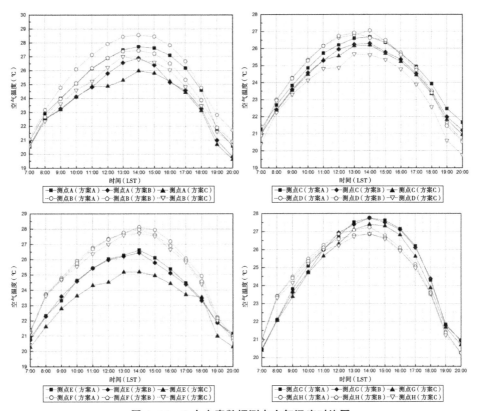

图 4-11　3 个方案数据测点空气温度对比图

测点 A、测点 B、测点 C、测点 D、测点 E 由于处于地下停车开发区域中，受到地下停车开发和地表下垫面属性变化的直接影响，在不同的方案中有较为明显的空气温度变化。对比方案 A 和方案 B 的空气温度值，在仅对地块甲进行地下停车开发时，测点 A、测点 B、测点 C 的空气温度降低。测点 A 处最高空气温度降低 0.8℃，是由于该点所处区域没有建筑物的遮挡，太阳辐射较强。又因硬质地面和绿植地面的蓄热及散热作用差异，造成测点 A 处最大温度差值 2℃ 在 16：00 产生。测点 B 处的温度降低 0.5～1.5℃，由于该点处于建筑物中心位 置，太阳辐射较为平均，故温度曲线的差异也较小。测点 C 处由于处于建筑物 背光面，因此受到太阳辐射的影响较小，空气温度变化主要受下垫面材质热变 化的影响，温度降低幅度较小，普遍小于 0.5℃。测点 D 和测点 E 处的温度在 A、B 两个方案中相差无几，温度曲线几乎重合，最高仅有 0.2℃的差异。在对 乙、丙两个地块进行地下停车开发后（方案 C），测点 D 和测点 E 处的空气温 度明显降低，在温度较高的 11：00～15：00 时间段内，与方案 A 相比测点 D 的空气温度降低了 1.2～1.8℃，测点 E 则降低了 0.8～1.2℃。需要注意的 是方案 B 与方案 C 中测点 A 和测点 B 处 11：00～16：00 时间段内的 0.5～1℃ 温度差异。测点 A、测点 B 两点在两个方案中的下垫面属性相同，所处的都是 一天内较强的太阳辐射环境，造成该温度差异的原因在于对地块乙、丙进行地 下停车开发后，绿植的增加降低了地块乙、丙区域的空气温度，由于风场的作 用，使该处的空气流动到地块甲区域，造成地块甲的空气温度的降低。测点 C 此特征不明显，则说明太阳辐射是影响空气温度的一个重要因素。

测点 F、测点 G、测点 H 处于地下停车开发区域范围之外，因此在不同的 方案中温度值相差不大，但是也呈现方案 A＞方案 B＞方案 C 的特征，每个方 案之间的空气温度值相差在 0.1℃左右，全部进行地下停车开发比不进行地下停 车开发的温度值最大能够相差 0.2℃左右。这表明地下停车的开发对开发区域周 边的空气温度也能够产生一定的影响。

通过以上分析可知，在进行地下停车开发后，随着地表下垫面特征的变化 和绿化率的提高，可以降低开发区域及周边区域的空气温度，空气最高温度可 以降低 1.5℃，平均温度可以降低 0.67℃，有效减弱了该区域的城市热岛效应。

4.3.3　相对湿度指标分析

图 4-12 为 3 个方案在南京典型夏季日相对湿度分布图（6 月 23 日 15：00， 地上 1.5m）。从当地标准时间 15：00 所模拟区域的整体三维流场来看，可以明 显看出地下停车开发所增加的绿植下垫面对研究区域内湿环境的影响。绿植在 外界风热环境及光照环境影响下由于蒸腾作用释放水蒸气，从而造成绿化区域

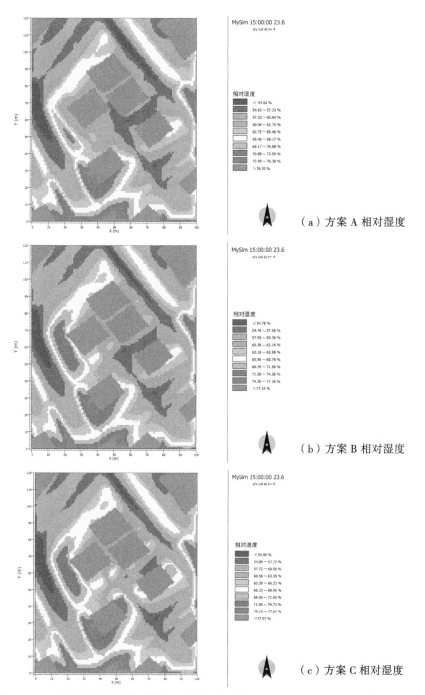

（a）方案 A 相对湿度

（b）方案 B 相对湿度

（c）方案 C 相对湿度

图 4-12　3 个方案在南京典型夏季日相对湿度分布图（6 月 23 日 15：00，地上 1.5m）

周围环境的绝对湿度升高，由于在地块环境内气温和气压接近的条件下，空气相对湿度和绝对湿度成正比函数关系，因此绿植区域周围局部环境的相对湿度也相应增大。这与模拟分析结果相一致，即在风速大致相等且空气温度和气压较为接近的条件下，研究区域内绿化面积越大的方案其环境的空气相对湿度越大（方案 C ＞方案 B ＞方案 A）。

对于相对湿度，在本研究中由于变化的主要因素是下垫面属性，因此从测点的相对湿度对比图（图 4-13）中可以看出，各个数据测点的数值变化基本产生于下垫面属性有变化的方案之间，而下垫面属性没有变化的方案之间，其相对湿度相差很小，曲线有的甚至重合。

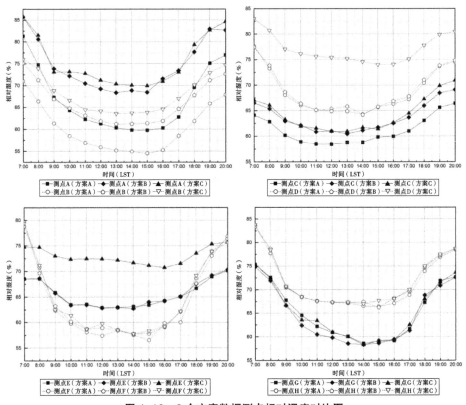

图 4-13　3 个方案数据测点相对湿度对比图

测点 A、测点 B 两点在方案 A 中的相对湿度与在方案 B、方案 C 中的相对湿度相差较大，与方案 B 分别相差 8%、6% 左右，与方案 C 分别相差 10%、8%

左右。测点 C 由于处于硬质地面上，其相对湿度的变化主要来源于周边绿植面积的增加，因此该测点处相对湿度变化不大，仅为 3% 左右。测点 D、测点 E 在方案 A、方案 B 中的下垫面属性相同，因此在这两个方案中的相对湿度曲线基本重合，而在方案 C 中由于地下停车的开发，下垫面属性改变为绿植，相对湿度增大，比前两个方案分别高 10% 左右。测点 F、测点 G、测点 H 由于处于地下空间开发区域之外，下垫面属性没有变化，因此在 3 个方案中相对湿度曲线基本重合，变化很小，通过模拟数据分析可知其变化在 0.2% 之内，也符合空气相对湿度方案 C ＞方案 B ＞方案 A 的规律。

4.4　室外热环境评价指标分析

4.4.1　室外热环境质量评价指标

室外热环境直接影响人体室外热舒适及热安全。研究表明，在热浪期间死亡率直接增加，死亡率和不舒适指数有明显的线性关系。目前针对室外热舒适的研究逐渐受到重视。

区别于较为稳定的室内环境，城市区域环境内热、风、湿、日射等微气候因子的日变化过程和分布状态直接影响到城市区域环境内人体个体的动态热感觉和对室外舒适环境选择的自由度，良好的城市室外环境取决于区域内适宜的热舒适。因而有必要对室外热环境及舒适性评价指标进行综合考察，选择适宜的热环境评价指标。

目前有关稳态热环境下热舒适评价指标方面的研究已经相当成熟，但是针对室外热舒适性评估方面的研究还远远不够。目前存在众多不同的热舒适指标，表 4-5 列举了部分常用的传统热舒适指标及其定义、规定气象参数、计算公式和夏季热舒适域[30]。

本研究不采用目前广泛用于室内热舒适评价的 PMV 指标及其期望指标，原因是前者在应用于室外的时候，根据实际物理参数计算得到的 PMV 值远远超出了 [-3，+3] 的范围，同时与人们感觉的热舒适状况有极大的差别。而且修正 PMV 指标所涉及的期望因子在室外热舒适研究中尚无定论。

表4-5 部分常用的传统舒适指标

热舒适指标	定义	规定气象参数	计算公式	夏季热舒适域
热舒适方程与评价指标（PMV-PPD）	室内空调环境中，人体处于稳态时的热感觉		$PPD=100-95\exp(-0.03353PMV^4-0.2179PMV^2)$	PMV: $-0.5\sim0.5$, PPD<10%
平均辐射温度（MRT）	闭合环境中，当人体与环境的辐射热量与实际情况相等时的表面温度	Emissivity=1	$MRT=\left[(t_g+273)^4+\dfrac{1.10\times10^8 v^{0.6}}{\varepsilon D^{0.4}}(t_g-t_a)\right]^{0.25}$	$17℃\leq MRT\leq26℃$
标准有效温度（SET）	在相对湿度为50%的绝热环境中，当标准人体与实际环境具有相同的热强度及体温调节应力时的温度	1.1met, 0.6clo, t_a=MRT, RH=50%, v=0.5m/s		$23℃\leq SET\leq26℃$
有效温度（ET）	在相对湿度为50%的环境中，当体表热损失与实际环境相同时的温度	RH=50%, 0.8clo, 1met, w=0.4	$ET=t_a+w i_m LR(p_a-0.5p_{ET,s})$	$23℃\leq ET\leq26℃$
生理等效温度（PET）	在室内环境中，当皮肤温度 Tskin 和出汗率与室外相同时的温度	0.9clo 1.4met, MRT=t_a, v=0.1m/s, P_a=12hPa		$18℃\leq PET\leq23℃$
人体局部温差及均质等效温度（EHT）	无风封闭的车厢环境中，人体与外界湿热交换率与实际环境相同时的温度	v=0m/s	当$v\leq0.1$m/s, EHT:$t_0=\dfrac{(t_a+MRT)}{2}$; 当$v>0.1$m/s, $t_0=$ $EHT=0.55t_a+0.45MRT+\dfrac{0.24-0.75\sqrt{v}}{1+I}\times(36.5-t_a)$	$15℃\leq EHT\leq33℃$
有效温度（t_0）	人体辐射及对流换热量与实际环境相同时的温度	N/A	当$MRT-t_a<4℃$或$v<0.2$m/s, $t_0=(MRT+t_a)/2$ 对其他情况，$t_0=At_a+（1-A）MRT$	$24.5℃\pm1.5℃$

注：t_a为空气温度，v为风速，w为皮肤温度，i_m为水蒸气渗透效率，p_a为空气压力，$p_{ET,s}$为饱和水蒸气分压力，LR为路易斯常数，I为衣服热阻，A为风速的函数（当$v<0.2$m/s时，A=0.5；当v=0.2~0.6m/s时，A=0.6；当v=0.6~1.0m/s时，A=0.7）。

由于室外环境中存在大量的太阳辐射和地面辐射通量，并且其随着空间和时间特征的不同而变化，所以在评价室外热环境时必须考虑太阳辐射和地面辐射通量的作用。目前在室外热环境研究中普遍采用的指标为平均辐射温度 MRT、湿黑球温度 WBGT、标准有效温度 SET、通用热气候指数 UTCI 及生理等效温度 PET[33]。

本研究中采用 MRT 进行室外热环境质量的评价。

MRT 是评估人体室外舒适度的一个关键因素，其总结了所有人体吸收的短波和长波辐射通量，代表着空气温度、太阳辐射和风速对人体的综合作用，在晴天天气条件下无论使用何种舒适指数，MRT 均是评价室外热感觉的关键变量（见表 4-5 计算公式列），是大部分室外热环境研究中均要考虑的重要参数，能反映在城市区域室外热环境的人体真实热舒适与热感觉状态。适用于室外的 MRT 公式见表 4-5。

此外，陈卓伦通过对夏季居住区常住居民的热舒适问卷调查研究发现，人体的主观热感觉对 MRT 比对室外温度反应更为敏感，MRT 的变化规律与居民的热舒适投票结果分布吻合良好，MRT 更适合用于评价室外人体热舒适状态，尤其是太阳辐射强烈的夏季。林波荣的实验研究表明在进行室外热环境质量评价时 MRT 指标不可或缺，适用于空气温度、风速、相对湿度、长波辐射温度及太阳辐照度同时存在的室外热环境研究。

由于 MRT 在城市室外热环境评估中比空气温度具有更多实际意义，通过研究地下空间开发与 MRT 指标之间的关系，可以分析地下空间开发对室外热环境、人体热舒适度的影响，有利于我们了解地下空间开发对室外热物理环境的特征，尤其是对太阳辐射和地面辐射通量的影响。

4.4.2　MRT 指标分析

通过对各测点在 3 个方案中 MRT 值的逐个对比（图 4-14）可以发现，地下停车开发方案及下垫面属性相同的方案，其 MRT 值几乎相同，虽然相邻地块地下停车的开发会对 MRT 值产生影响，在整体上形成地下停车开发规模越大则 MRT 值越小的规律，但对下垫面属性相同的测点的 MRT 值造成的差异可以忽略不计。如图 4-14 所示，测点 A 处的 MRT 值在对地块甲进行地下停车开发后，产

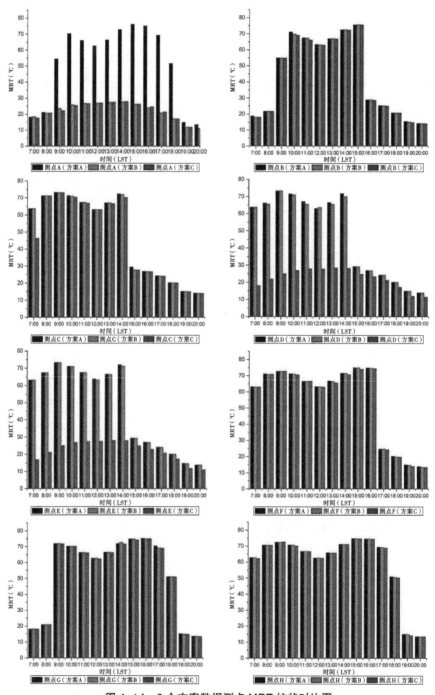

图 4-14 3 个方案数据测点 MRT 柱状对比图

生明显降低，在30℃以下，且方案 B 和方案 C 中该测点的 MRT 值差异不大。测点 D 及测点 E 也具有近似现象，在方案 C 中具有良好的 MRT 值分布，而在方案 A、方案 B 中 MRT 值差异不大，且普遍较高。而测点 B 处虽然产生了下垫面属性变化，但是该处进行地下停车开发后采用的下垫面形式为草坪，缺少对太阳辐射的有效遮挡，故造成人体舒适度较差，MRT 值在 9∶00～15∶00 时间段高于50℃。测点 C、测点 F、测点 G、测点 H 处由于下垫面属性并未产生变化，因此 MRT 值在 3 个方案中相差不大。

通过数据测点 MRT 值的点线图（图 4-15）可以看出，每一个数据测点的 MRT 值在 9∶00 及 15∶00 两个时刻都有显著的变化，产生此现象的原因在于太阳运动及建筑阴影的变化。在 9∶00 之前，由于太阳初升，测点 A、测点 B 及测点 G 处于建筑的阴影中，没有太阳的直接照射，故 MRT 值低于阳光影响到的测点 C、测点 D、测点 E、测点 F、测点 H 处的 MRT 值。在 9∶00～15∶00 时间段，所有的测点都暴露在阳光的直射之下，形成了 MRT 值最高的时间段，是室外热舒适度最差的时间段。在 15∶00 之后，随着太阳的继续运动，测点 B、测点 C、测点 D、测点 E、测点 F 进入建筑物阴影中，减弱了太阳的影响，形成 MRT 值的快速下降。测点 A、测点 G 则继续受到逐渐减弱的阳光的影响，因此 MRT 值也随着太阳辐射的减弱而逐渐下降。而方案 B、方案 C 中的测点 A 及方案 C 中的测点 D、测点 E，随着地下空间的开发，所处区域下垫面属性改变为绿植（乔木），由于树木对于阳光的遮挡作用，故整个日间都形成了舒适的 MRT 域值。

通过以上分析可知，对于室外热环境的舒适度的变化，太阳辐射的强弱起到主要作用，决定了 MRT 值的分布。而地下停车开发所造成的下垫面改变，若想改善区域热环境则必须选择正确的绿植种类，形成对太阳辐射的有效遮挡作用。

通过图 4-15 可以发现，在 9∶00～15∶00 时间段，MRT 值虽然处于高值区域，但是在 12∶00 有着较低的 MRT 值，这说明太阳辐射并不是唯一影响 MRT 值的因素。图 4-16、图 4-17 分析了测点 A、测点 D 在方案 A、方案 C 中直接太阳辐射（SW_dir）、漫射太阳辐射（SW_dif）、反射太阳辐射（SW_ref）、空气温度（AT）与 MRT 值的关系。可知，直接太阳辐射对 MRT 起到决定因素，直接影响了室外热舒适度的好坏。在直接太阳辐射强的情况下，MRT 值处于高值，室外热舒适度差；在直接太阳辐射弱的情况下，MRT 处于低值，室外热舒适度好。

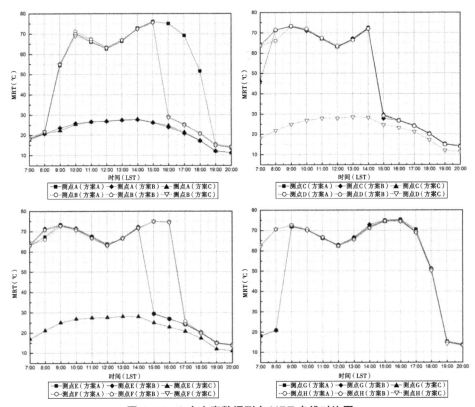

图 4-15　3 个方案数据测点 MRT 点线对比图

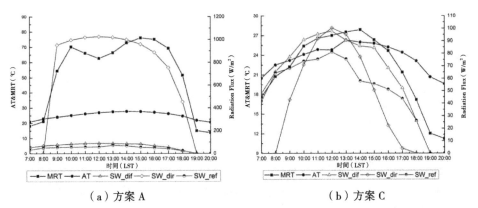

（a）方案 A　　　　　　　　　　　　（b）方案 C

图 4-16　方案 A、方案 C 中测点 A 的各种太阳辐射通量与 MRT 和空气温度的曲线关系分析

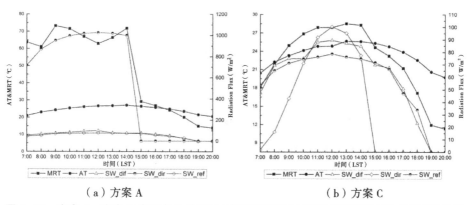

（a）方案 A　　　　　　　　　　　（b）方案 C

图 4-17　方案 A、方案 C 中测点 D 的各种太阳辐射通量与 MRT 和空气温度的曲线关系分析

但是在直接太阳辐射强度变化不大的范围内（＜ 70W/m²），空气温度对室外热舒适度起到较强的影响作用，随着气温的升高 MRT 值升高，MRT 曲线变化趋势与温度曲线变化趋势保持一致。而在 9：00 会形成 MRT 值的高峰则是因为此时室外环境风速（较低）、湿度（较大）、温度（较高）、气压等一系列微气候因素共同作用形成较差的人体舒适度热环境。由此可知，直接太阳辐射对室外热舒适度起到决定性作用，其他微气候因素则在直接太阳辐射的决定范围内对室外热舒适度产生影响。

　　总的来说，进行地下停车开发及地面绿化面积的增加，能够在一定程度上改善城市区域热舒适度。但是又因为直接太阳辐射对室外热舒适度的决定作用，所以仅仅依赖地下停车开发改变城市下垫面属性并不能决定城市室外热舒适度的优劣，需要配合其他设计策略（如景观绿化的设计）以实现对直接太阳辐射的遮挡，从而进一步改善城市的区域热舒适环境。

4.5　研究总结

　　通过研究本章主要得到以下结论。

　　（1）城市地下空间的开发通过直接改变城市下垫面的构成从而影响城市微气候和城市热岛效应。随着地下空间开发的增加，促使地下地上空间融为一体的城市三维基面空间形态的形成，改变了城市的容积率、建筑密度、建筑形态、城市几何形态及街区层峡形态等城市立体空间要素，从而使地下空间的开发能够节约地面土地进行景观和绿化建设，为城市增加绿化容量。绿化面积的增加会直接降低潜热热流，对能量的分布产生影响，并且能够影响城市的密度、粗糙度、反射率、导热率等城市热能量交换的因素，从而减少地表蓄热量、减少日间热容量和转移夜间热岛效应。

（2）在城市开发过程中，建设地下停车场，将停车设施地下化，具有受限制较小、能提供大容量停车位、节省城市地面空间的优势，是解决城市停车问题、改善城市交通的有效途径。而地下停车的开发对城市微气候的改变主要通过改变地面停车用地下垫面属性的方式进行，地下停车的开发能够对地面停车用地进行调控，将节省的地面停车用地用于景观绿化，通过调整下垫面属性的方式对城市微气候进行调节。

（3）通过地下停车开发对城市微气候影响的研究分析可知，地下停车开发对城市微气候的改善效应随着地下停车开发的城市用地面积的增加而加强。对城市地下空间开发的越多，就能够进行更多的地面绿化，将得到越好的城市微气候。在本章中，对比全部地块进行地下停车开发的方案 C 和不进行地下停车开发的方案 A 的城市微气候数据可知，在进行地下停车开发后，城市区域的风场分布更加稳定，最高风速能够下降 0.6~0.8m/s；相对湿度由于地下停车开发所增加的绿植下垫面产生的植物蒸腾作用而升高，在进行地下停车开发后，相对湿度增加 8%~10% 且昼夜变化差异降低。在进行地下停车开发后，随着地表下垫面特征的变化和绿化率的增加，有效降低了城市的区域空气温度，空气最高温度降低 1.5℃，平均温度降低 0.67℃，有效减弱了该区域的城市热岛效应。

（4）对于室外热环境的舒适度的变化，太阳辐射的强弱起到主要作用，其中直接太阳辐射对 MRT 值起到决定因素，其强弱的变化决定了 MRT 值的分布。在直接太阳辐射强的情况下，MRT 值处于高值，室外热舒适度差；在直接太阳辐射弱的情况下，MRT 处于低值，室外热舒适度好。而地下停车开发所造成的下垫面改变和对热环境因素（风场、相对湿度、空气温度）产生的变化，对城市室外热舒适度不能起到决定性改善作用。地下停车开发若要起到改善区域热环境的效果，则需要对地下停车开发所节省的城市用地进行有效的绿化景观设计，对人的活动区域形成对太阳辐射的有效遮挡。这一结论通过方案 C 的测点 A、测点 B、测点 D、测点 E 这 4 点的 MRT 值变化可以看出，在进行了乔木绿化之后，由于树木对太阳辐射的遮挡作用，测点 A、测点 D、测点 E 这 3 点的 MRT 值在夏季日间分布于 20～27℃之间，处于良好的室外热舒适度范围内。而测点 B 由于只采取了草坪绿化，日间受到阳光直射，其 MRT 值在夏季日间分布普遍在 50℃之上，人体热舒适度差。

通过地下停车对城市微气候影响的研究可以证明城市地下空间的开发能够通过实施用地控制、调整下垫面形式、优化景观结构达到改善城市地面绿化、提高城市地面环境、减弱城市热岛效应的效果，并且结合科学合理的景观绿化则能够有效改善城市室外热舒适度。

第 5 章

地下空间开发对城市形态及
城市微气候的影响研究

　　地下空间快速发展及城市空间立体化开发形成的地上地下一体化的城市形态，造成城市平面形式、城市空间形态、城市建筑密度、地面容积率、建筑几何形式、建筑组合形式等城市形态要素的改变，随着地下空间与城市空间的深度融合，地下空间已对城市的下垫面属性、城市形态产生系统的改变。因此，在地下空间开发对城市微气候影响的研究中，除了需考虑下垫面属性的改变外，还需考虑城市规划、城市设计甚至建筑设计要素的变化，考虑下垫面改变及城市形态改变综合作用下的地下空间开发对城市微气候的影响。

　　本章基于城市地上地下立体化开发视角，归纳地下空间开发改变城市形态的两种基本方式。在典型城市形态与真实城市形态两大类型城市形态的情况下，构建其作用下形成的 40 个基本单元分析模型，并利用 ENVI-met 对所有模型进行城市微气候模拟计算。结合城市环境与城市形态的研究成果理论，利用量化数据研究在典型城市形态情况下与真实城市形态情况下的地下空间开发对城市形态产生的改变，及所造成的对城市微气候的影响规律，归纳分析基于城市微气候优化的地下空间开发策略。

5.1　研究方案

5.1.1　地下空间开发对城市形态改变的两种基本方式

　　如 2.3 节所述，通过对城市区域的地块进行地下空间开发，在不改变用地性

质的情况下，能够使该区域的地面建筑高度、容积率、建筑密度等城市形态要
素产生变化（图 5-1）。

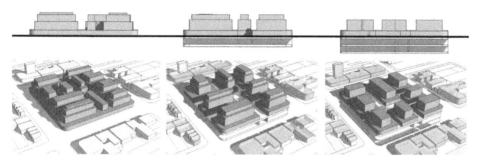

图 5-1　地下空间开发改变城市形态

该城市形态变化的过程可以分解为两个基本作用步骤：第一，地下空间开
发降低了地面建筑的高度；第二，地下空间开发改变了地面建筑的组合形式。

注：为了有效分析城市形态层面的变化，单体建筑形体设计层面的变化不
纳入考虑范围。

1. 建筑高度变化

如图 5-2 所示，进行地下空间的立体化开发，将城市地面功能放入地下，随
着地下空间开发量的增加，地面建筑所需的开发量减少，在不改变地面建筑组合
形式、建筑布局方式与建筑占地面积的基础上，地面建筑高度必然随之降低。

图 5-2　地下空间开发改变城市地面建筑的高度

2. 建筑组合形式变化

如图 5-3 所示，Sterling 在其著作 *Underground Space Design* 中提出了地下
空间开发改变城市地面形态的基本方式：在不改变地面建筑高度与建筑设计方式
的前提下，将整座地面建筑的功能放入地下，由此形成城市中庭／城市公园的
城市布局形态，地下空间开发量越大，城市的地面形态改变越大。此改变方式，
本质上为地面建筑组合形式的改变，如图 5-3（a）所示。地面建筑组合形式为

行列式布局，在将中间建筑进行地下空间开发后，建筑组合形成如图 5-3（b）所示的庭院式布局。继续进行地下空间开发，则建筑组合形成如图 5-3（c）所示的开敞式建筑布局。

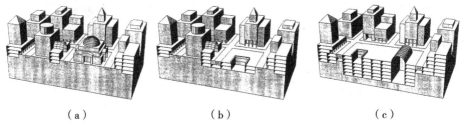

（a） 　　　　　　　　（b） 　　　　　　　　（c）

图 5-3　地下空间开发改变城市地面建筑组合形式

由以上分析可知，在城市地面形态要素只有一个变量时，地下空间开发对城市地面形态的改变可以分解为建筑高度变化与建筑组合形式变化两个基本过程。由这两个基本过程联合作用，则可以改变地面建筑高度、容积率、建筑密度等城市形态要素，形成复杂的地上地下一体化的城市形态。

本研究所构建的地下空间开发基本城市形态模型，则基于这两个基本过程作用的基础之上。

5.1.2　基本城市形态模型的构建

由于真实城市形态非常复杂，涉及的要素众多，各要素之间存在复杂的联系，目前对城市形态还不能进行系统整合的研究，一般针对具体情况研究某一个或某几个城市形态要素。

在城市气候领域，为了更好地研究城市形态及其气候性能的内在规律，一般采用"剥离城市形态要素"的研究方法，从真实城市形态中提炼出理论城市形态原型，用基本城市形态指标描述复杂多样的城市理论和形态问题，以保持城市形态问题研究的完整性。

本研究也秉承这一研究思路，在城市基本形态研究成果之上，构建符合研究背景城市——南京市实际规范指标的基本城市形态单元模型，以此展开基于典型城市形态模型的地下空间开发对城市形态及微气候影响的模拟研究，探索地下空间开发对城市形态及微气候影响的框架性理论规律。

本研究针对高密度城市地块的地下空间开发对微气候的影响，对南京市核心区高密度城市形态进行抽象处理，构建了真实城市形态模型。对其进行地下空间开发所形成的建筑高度与建筑组合形式两种形态作用下的城市微气候特征进行了模拟研究，并以此形态模型为例研究地下空间开发所形成的不同城市下垫面的微气候特征，以实现在真实城市复杂形态系统中地下空间开发对微气候产生影响的初步探索。

1. 典型城市形态模型的构建

本研究中，采用目前城市形态学构建的较为成熟的 3 种基本城市形态，如图 5-4 所示，从左至右分别为点式、并列式、围合式[34]，由这 3 种基本城市形态组合形成目前其他城市研究中采用的原型形态。

（a）点式　　　（b）并列式　　　（c）围合式

图 5-4　3 种基本城市形态图

在这 3 种基本城市形态模式上，采用城市形态研究基本街区尺度 200m×200m 作为模型构建的地块基础参数（注：在城市形态领域，根据城市网格理论和分形理论，将 200m×200m 作为城市肌理的单位网格与分形层级[34]），根据《江苏省城市规划管理技术规定》和《南京市城乡规划条例》中具体的规范指标要求，构建符合南京市城市实际背景的典型城市形态模型（图 5-5）。为了进行建筑形态组合变化的分析，所有模型按照九宫格模式进行对称布局设计。

（a）并列式　　　　　　（b）点式　　　　　　（c）围合式

图 5-5　研究用典型城市形态模型

典型城市形态模型设计参数如表 5-1 所示，各模型的详细尺寸标注见附录 1。

表 5-1　典型城市形态模型设计参数

模型类型	用地性质	地块尺寸/m	建筑高度/m	建筑密度	建筑单体尺寸/m	绿化率	容积率	地上建筑面积/m²	建筑层高/m	建筑层数	街区层峡高宽比
并列式	商业建筑	240×240	50	40%	60×20	30%	3.7	216000	5	10	50/20
点式	商业建筑	240×240	50	55%	60×60	30%	5.6	324000	5	10	50/20
围合式	商业建筑	240×240	50	35%	20×60	37%	3.3	192000	5	10	50/20

需要说明的是，为了设计满足南京市具体城市规划设计指标的模型，在单位城市网格尺度 200m×200m 的基础上将模型地块尺寸确定为 240m×240m，并采用各指标下限值设计模型。为方便研究地下空间开发对各城市要素及微气候的影响，整个模型对各元素进行了概念化的设计。由于 ENVI-met 模型中乔木是按照树冠覆盖面积进行网格建模和计算的，故方案设计中对绿化率采用直径为 10m 的乔木林布置在各建筑单体周围进行绿化率指标的满足，围合式模型中间的绿地只采用草地和乔木两种绿植进行绿化，建筑与绿植都进行对称几何布置，将建筑单体概念化设计为层高为 5m 的商业建筑（便于研究建筑高度变化对微气候的影响）。

2. 真实城市形态模型的构建

由于城市高密度区域城市形态复杂，建筑风格多样，要构建真实城市形态模型，必须选择实际地块。首先，对具有典型性的建筑形态进行抽象，构建该区域具有代表性的建筑形态模型；其次，以该建筑模型作为基础建筑形态构建真实城市形态模型。

本研究以南京市新街口商业中心区地块（图 5-6 为高密度城市中心区实际样本卫星图），选择其中具有代表性的建筑形态 [图 5-7（a）]，并对其建筑形态特点参数进行分析，结合本研究目标构建符合实际建筑形态特点的建筑形态抽象模型 [图 5-7（b）]。

图 5-6　高密度城市中心区实际样本卫星图

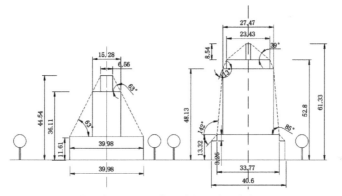

（a）南京高密度城区典型建筑形态（单位：m）

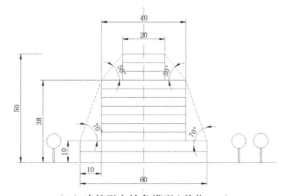

（b）建筑形态抽象模型（单位：m）

图 5-7　真实城市高密度区域建筑形态抽象模型的构建

按照典型城市形态模型的构建方法，构建真实城市形态模型如图 5-8 所示，具体设计参数如表 5-2 所示，模型详细标注见附录 1 所示。

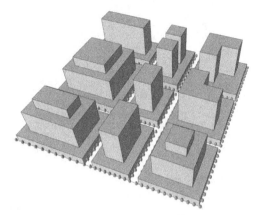

图 5-8　真实城市形态模型

表 5-2　真实城市形态模型设计参数

模型类型	用地性质	地块尺寸/m	建筑高度/m	建筑密度	绿化率	容积率	地上建筑面积/m²	建筑层高/m	建筑层数	道路宽度/m
城市中心区	商业建筑	200×200	50	80%	12%	5.2	205000	裙楼5其他4	12（裙楼为1、2层）	10

5.1.3　地下空间开发基本城市形态模型的构建

在构建完毕典型城市形态模型与真实城市形态模型之后，对每个模型分别进行基于建筑高度变化与建筑组合形式变化的地下空间开发城市形态变化。根据地下空间开发量的不同，共构建生成 40 个形态分析模型。

以并列式典型城市形态模型为例，图 5-9、图 5-10 分别显示了地下空间开发对其地面建筑高度与建筑组合形式产生改变后形成的分析模型。

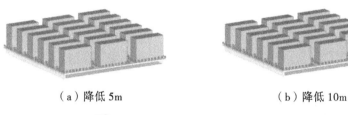

（a）降低 5m　　　　　　　　（b）降低 10m

（c）降低 15m　　　　　　　　（d）降低 20m

图 5-9　并列式典型城市形态进行地下空间开发产生的建筑高度变化

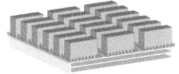

（a）围合式　　　　　（b）半开敞式　　　　　（c）开敞式

图 5-10　并列式典型城市形态进行地下空间开发产生的建筑组合形式变化

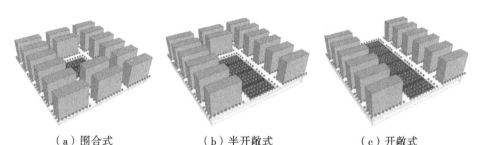

如图 5-9、图 5-10 所示，在进行地下空间开发后，由于建筑高度变化产生 4 组分析单元模型，由建筑组合形式变化产生 3 组分析单元模型。其中，图 5-9（a）、图 5-9（b）是进行地下空间一层开发后，地面建筑分别降低 5m、10m 后的形态。图 5-9（c）、图 5-9（d）是进行地下空间二层开发后，地面建筑分别降低 15m、20m 后的形态。图 5-10（a）是进行地下空间一层开发后，将中间两栋建筑放入地下后形成的围合式形态。图 5-10（b）是进行地下空间二层开发后形成的半开敞式形态。图 5-10（c）是进行地下空间二层开发后形成的开敞式形态（具体参数说明见 5.2.1 节）。

在形成 40 个形态单元分析模型之后，对每个模型利用 ENVI-met 进行南京典型夏季日气候条件下的微气候分析，模拟计算输入参数如表 5-3 所示。通过对 40 个形态单元分析模型微气候指标的量化分析，研究基于城市形态改变的地下空间开发对城市微气候的影响规律。

表 5-3　模拟计算输入参数

模拟初始值							
典型气象日	初始大气温度 /K	相对湿度	风速 / (m·s⁻¹)	风向 / (°)	网格数 (XYZ)	模拟初始时间	模拟时长 /h
6.23夏季	294.95	80%	2.4	157.5	240 × 240 × 20 典型城市形态模型 200 × 200 × 20 真实城市形态模型	6:00	24

注：风向中 0° 为北，90° 为东，180° 为南，270° 为西。

为了便于研究的统计分析，对每个模型进行编号，每一位编号代表含义及规则如表 5-4、表 5-5 所示。

表 5-4　典型城市形态模型编号含义及规则

第 1 位编号	第 2 位编号	第 3 位编号	第 4 位编号	第 5 位编号
D—典型城市形态模型	B—并列式	G—高度变化	0—原始方案	L—绿化方案
	D—点式	Z—组合变化	1—地面建筑降低 1 层 / 围合式组合形式	
	W—围合式		2—地面建筑降低 2 层 / 半开敞式组合形式	
			3—地面建筑降低 3 层 / 开敞式组合形式	
			4—地面建筑降低 4 层	

表 5-5　真实城市形态模型编号含义及规则

第 1 位编号	第 2 位编号	第 3 位编号	第 4 位编号
S—真实城市形态模型	G—高度变化	0—原始方案	L—绿化方案
	Z—组合变化	1—地面建筑降低 1 层 / 围合式组合形式	
		2—地面建筑降低 2 层 / 半开敞式组合形式	
		3—开敞式组合形式	

　　为了简化篇幅，本书只对地面建筑降低 2 层（降低 10m）与 4 层（降低 20m）及组合变化后进行绿化的方案进行分析。对形态单元的分析模型、数据分析点及其具体参数见 5.2 节方案详细内容部分。研究方案的微气候指标分布云图（本书中不对微气候指标的分布云图进行分析）及数据测点 1.5m 高度的微气候指标数据见附录 2、附录 3 所示。

　　另外，对于由地下空间开发造成城市形态各项指标发生的变化，其中涉及城市气候指标与城市形态要素之间的复杂理论原理与规律，书中将只对必要说明部分进行简单注明，对其理论成果主要采用研究的使用方式，不再进行专门的详细解析（研究中涉及的主要微气候原理，已在第 2 章与第 4 章中进行了分析）。

　　本章内容主要关注地下空间开发形成的各单元形态方案之间的微气候指标变化，以此量化分析地下空间开发要素对城市微气候造成的影响与结果。本书关注点在于方案之间微气候指标变化的整体规律，对于单个方案单项指标的变化不进行详细分析。

5.2　典型城市形态模型地下空间开发研究分析

5.2.1　并列式典型城市形态

1. 建筑高度变化

　　图 5-11 显示了并列式典型城市形态地下空间开发建筑高度变化构成的分析模型的编号、数据测点分布及三维视图，表 5-6 为每个模型的参数。

　　（1）风环境分析。

　　由图 5-12 可知，3 个模型中风速按照由大到小排列为：DBG0 > DBG2 > DBG4（除测点 3 外）。其中测点 1、测点 4、测点 5 由于建筑物对风场的遮挡，风速处于较低的水平（< 1m/s），DBG0 比 DBG2 风速高 0.1m/s 左右；在测点 2、测点 6、测点 7、测点 8，DBG0 比 DBG2 风速高 0.5m/s 左右；整体来说，DBG2 与 DBG4 的风速比较接近，相差在 0.3m/s 以内。

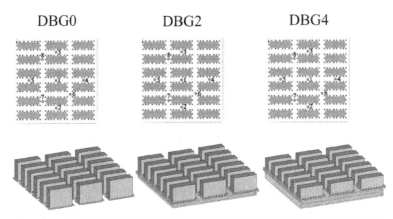

图 5-11　并列式典型城市形态地下空间开发建筑高度变化构成的分析模型

表 5-6　并列式典型城市形态建筑高度变化分析模型参数

模型编号	地块尺寸/m	地面建筑高度/m	建筑密度	建筑单体尺寸/m	绿化率	容积率	地上建筑面积/m²	建筑层数	街区层峡高宽比	放入地下空间面积/m²	地下空间开发层数	地下空间开发规模/m²
DBG0	240×240	50	40%	60×20	30%	3.7	216000	10	50/20	—	—	—
DBG2	240×240	40	40%	60×20	30%	3	172800	8	40/20	43200	1	57600
DBG4	240×240	30	40%	60×20	30%	2.25	129600	6	30/20	86400	2	115200

　　这表明在并列式典型城市形态模型中，随着地下空间开发的增加及地面建筑高度的降低，地面的风速随之降低，在进行地下一层开发时，风速变化最大，且随着开发量的增加，风速降低程度减弱。

　　注：这是因为城市街区层峡内的风环境存在建筑物顶部主导气流驱使下形成的次级环流的现象（图 5-13），并且次级环流受到街区几何形态（街道高宽比的关系、建筑密度、建筑排列方式）的强烈影响。在研究模型所设定的街区几何形态中，地下空间开发降低了地面建筑高度的降低，使街道层峡的高宽比由 50/20（DBG0）依次变为 40/20（DBG2）、30/20（DBG4），由此使次级环流作用加强。本书中的分析结论只适用于形态模型所确定的街区形态和层峡高宽比变化情况中。

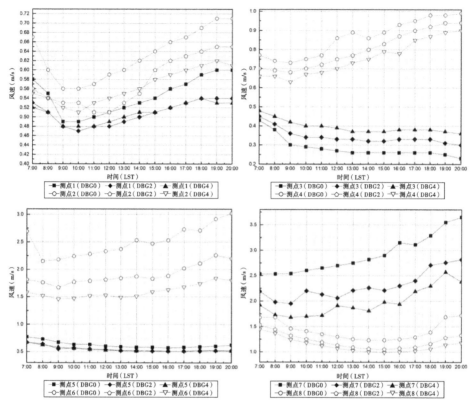

图 5-12　数据测点 1.5m 高度风速分析图

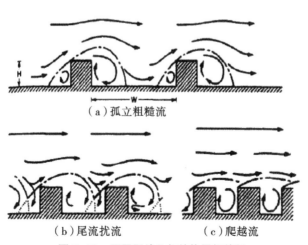

（a）孤立粗糙流

（b）尾流扰流　　　　　（c）爬越流

图 5-13　不同层峡几何结构风场特征

（2）相对湿度分析。

如图 5-14 所示，3 个模型中相对湿度由大到小的排列为：DBG0＞DBG2＞
DBG4。在进行地下空间一层开发，地面建筑高度降低 10m 后，相对湿度变化最
大。相对湿度的变化主要是由于建筑高度降低，对阳光的遮挡变弱，太阳辐射
作用增强造成。但是通过数据可知，DBG0 与 DBG2 的相对湿度差在 4% 以内，
DBG2 与 DBG4 的相对湿度差在 2% 以内，此变化可以忽略不计。

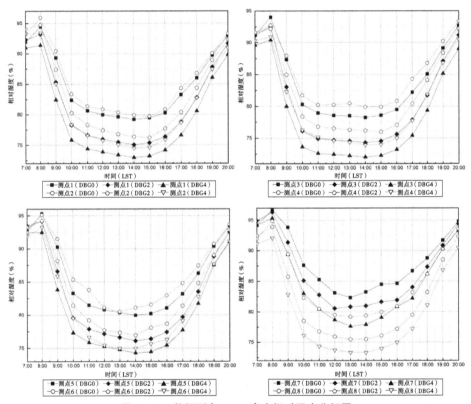

图 5-14　数据测点 1.5m 高度相对湿度分析图

由此可知，在并列式典型城市形态模型中，地下空间开发所造成的建筑高
度的变化对相对湿度的影响作用非常小。

（3）温度分析。

由图 5-15 可知，在进行地下空间开发，地面建筑高度降低后，地面温度呈
现降低趋势，3 个模型的空气温度从高到低排列为：DBG0＞DBG2＞DBG4。3 个

模型在 11:00～15:00 时间段温度相差明显且比较均匀，DBG2 的温度比 DBG0
最多降低 1℃（测点 4 在 13:00 温度），平均降低 0.8℃，DBG4 比 DBG2 最多
降低 1.2℃（测点 4 在 14:00 温度），平均降低 0.6℃。

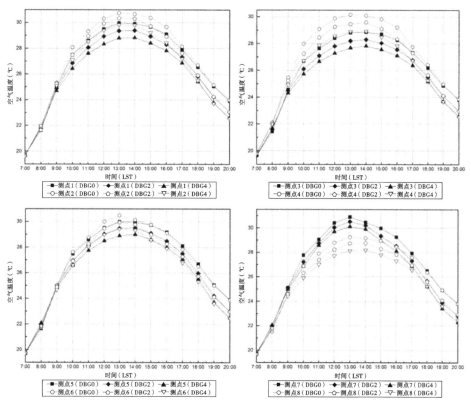

图 5-15　数据测点 1.5m 高度空气温度分析图

可见，在并列式典型城市形态模型中，地下空间开发所造成的建筑高度变
化，能够有效降低白天的空气温度（1℃左右），且随着地下空间开发量的增加
与建筑高度的降低而降低。

（4）MRT 分析。

根据图 5-16、图 5-17，3 个模型的 MRT 值从高到低排列为：DBG4＞DBG0＞
DBG2。DBG4 的 MRT 值明显高于 DBG0、DBG2（平均高 35℃），是 3 个方案模型
中微气候状况最差的，并且从曲线图上可以看出，除测点 7、测点 8 外每个时刻
的高度都处于相同的水平，曲线与其他两个方案的曲线距离几乎不变；DBG2 比

DBG0 的 MRT 值低，但幅度不大，在 2℃之内，曲线非常接近。

注：这是由于地下空间开发造成地面高度下降后，街区层峡的高宽比降低，对直接太阳辐射的遮挡作用降低造成的。高宽比越小的街区层峡，接受的直接太阳辐射越多；高宽比越大的街区层峡，对直接太阳辐射的遮挡作用越强，接受的直接太阳辐射越少。但是反射太阳辐射与直接太阳辐射的作用相反，随着高宽比的增加而增多。因此，当街区层峡高宽比增加时，来自天空的漫反射太阳辐射和直接太阳辐射因为天空视域因子的变小而下降，同时来自建筑的反射太阳辐射却增加了，加上风速的降低、空气温度升高、植被蒸腾作用的共同效果，会出现高宽比大的街区层峡结构比高宽比小的街区层峡结构微气候质量差的情况（例如本研究中 DBG2 比 DBG0 的 MRT 值低）。但是具体的街区层峡高宽比与太阳辐射及微气候的关系目前还没有规律性的定论，仍在研究过程中。

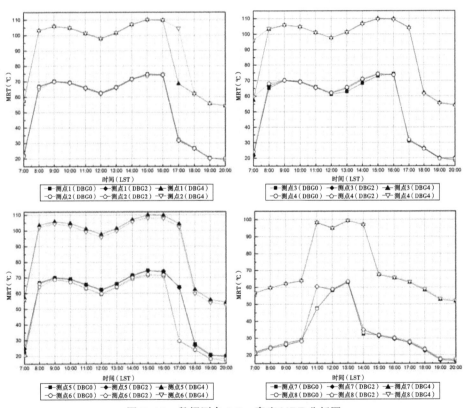

图 5-16　数据测点 1.5m 高度 MRT 分析图

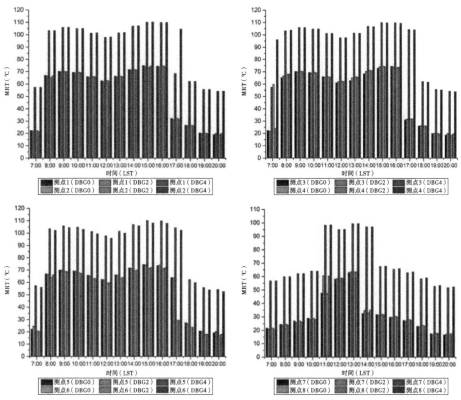

图 5-17　数据测点 1.5m 高度 MRT 柱状分析图

因此可以认为，在并列式典型城市形态模型中，随着地下空间开发的增加及地面建筑高度的降低，热环境质量总体呈现降低的趋势，在进行地下一层开发且建筑高度下降程度在地面街区层峡高宽比大于 2 时，热环境质量呈现微弱的改善效果。

2. 建筑组合形式变化

图 5-18 显示了并列式典型城市形态地下空间开发建筑组合形式变化构成的分析模型的编号、数据测点分布及三维视图，表 5-7 为每个模型的参数。

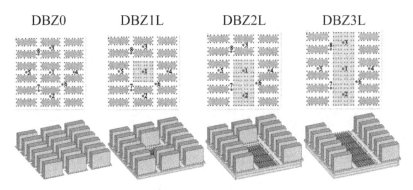

图 5-18　并列式典型城市形态地下空间开发建筑组合形式变化构成的分析模型

表 5-7　并列式典型城市形态建筑组合形式变化分析模型参数

模型编号	地块尺寸/m	地面建筑高度/m	建筑密度	建筑单体尺寸/m	绿化率	容积率	地上建筑面积/m²	建筑层数	街区层峡高宽比	放入地下空间面积/m²	地下空间开发层数	地下空间开发规模/m²
DBZ0	240×240	50	40%	60×20	30%	3.7	216000	10	50/20	—	—	—
DBZ1L	240×240	50	33%	60×20	36%	3.3	192000	10	50/20	24000	1	57600
DBZ2L	240×240	50	29%	60×20	43%	2.9	168000	10	50/20	48000	1	57600
DBZ3L	240×240	50	25%	60×20	50%	2.5	144000	10	50/20	72000	2	115200

（1）风环境分析。

由图 5-19 可知，在进行地下空间开发，建筑组合形式发生变化后，由于模型形态的变化对风场的影响，每个方案的风速由于处于模型中的位置不同而变化明显，没有统一的规律。整体来看，将地面建筑功能放入地下后的风速高于另外两个方案，测点 1、测点 2 在 DBZ3L、DBZ2L 中的风速高于另外两个方案 1.2～1.8m/s，这 2 个测点所处的位置均为地面建筑放入地下后形成的绿地广场，测点 6 在 DBZ1L、DBZ3L 中的风速高于其他方案 1.2m/s 左右，而 DBZ0 的测点风速在 4 个方案中均是最低的。另外，在并列式典型城市形态模型进行建筑组合形式变化后的风速明显高于建筑高度降低产生的风速，风速分布由平均 1m/s 上升到 2.6m/s 左右，整体风场明显加强。

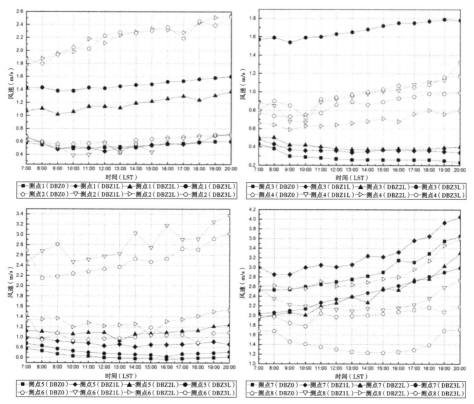

图 5-19　数据测点 1.5m 高度风速分析图

　　这表明在并列式典型城市形态模型中，由地下空间开发产生的建筑组合形式变化，能够有效地改善地面的风环境，并且地下空间开发量越多，风环境改善越明显。

　　（2）湿度分析。

　　通过对图 5-20 分析可知，各测点的相对湿度值所表现的特征与风速值相似，各测点所处的位置决定着相对湿度值的大小。在日间时间段 10：00～16：00，在测点 2 处，DBZ3L、DBZ2L 的相对湿度大于其他两个方案 4% 左右，在测点 6处，DBZ1L、DBZ3L 的相对湿度大于其他两个方案 5% 左右。在建筑没有发生变化区域的测点，却有相反的趋势，测点 4、测点 5 在 DBZ0、DBZ1L 中的相对湿度大于其他两个方案 3% 左右，测点 7 在 DBZ0、DBZ1L 中的相对湿度大于其他两个方案 4% 左右，4 个方案在测点 8 处的相对湿度相差不大，在 1% 左右。

这是因为建筑组合形式与绿化率变化后，在风场、植被蒸腾、太阳辐射综合作用下形成的。绿化广场区域由于绿化率的增加，相对湿度明显增大。建筑区域的测点由于受到建筑形态、风场变化的综合作用，地下空间开发量少的方案的相对湿度稍大于地下空间开发量多的方案，但是由于数据较小，此差异可以忽略。

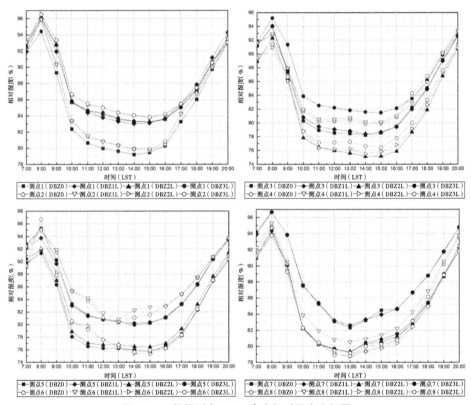

图 5-20　数据测点 1.5m 高度相对湿度分析图

综合分析，在并列式典型城市形态模型中，由于地下空间开发所造成的建筑组合形式变化能够形成大规模的地面绿地，显著增加了地面的相对湿度。

（3）温度分析。

由图 5-21 可知，在进行地下空间开发后，由于建筑组合形式产生变化，绿化面积增加，温度呈现明显的下降趋势，地下空间开发规模越大，各测点温度下降得越多。其中，测点 1、测点 2、测点 3 由于位于绿地之上，测点 7 位于绿地边缘，温度在日间时间段 10:00～16:00 下降 1.8～2.4℃，尤其是测点 1、测点 2，在 DBZ0 与 DBZ1L 中的温度降低只有 0.2℃左右，在 DBZ2L 与 DBZ3L 中的温度降低 2℃左右。其他测点由于受到绿化面积增加的影响，温度降低也能达到 1℃左右（测点 4、测点 5、测点 6 在 13:00、14:00）。

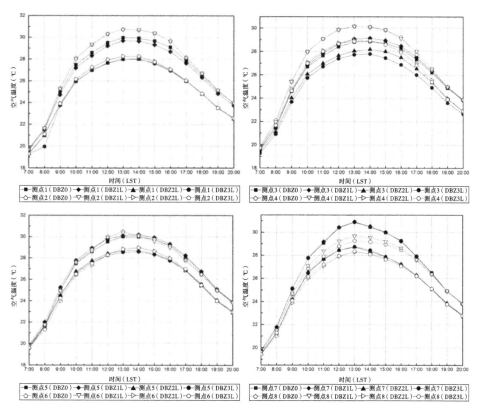

图 5-21　数据测点 1.5m 高度空气温度分析图

因此，在并列式典型城市形态模型中，由于地下空间开发造成的地面建筑组合形式变化，能够显著降低地面的空气温度，并随着地下空间开发量的增加而明显降低。

（4）MRT 分析。

由图 5-22、图 5-23 分析可知，除了个别测点在某一时刻受到植被、建筑阴影对太阳辐射遮挡作用的影响（DBZ0 中测点 4 在 7:00，测点 6 在 11:00，测点 7、测点 8 在 9:00），在将地面功能放入地下之后，进行绿化的区域的热环境有明显改善，测点 1、测点 2、测点 3 的 MRT 值降低 8～12℃，其中测点 3 的变化比较明显，在 DBZ3L 中的曲线明显低于其他 3 个方案的曲线。但是，在建筑组合形式发生改变之后，部分区域由原来不受阳光照射变为受到阳光照射，MRT 值增大，如 DBZ2L、DBZ3L 中的测点 7 在 7:00～11:00 时间段，DBZ3L 中的测点 8 在 9:00～11:00 时间段，但是在其他测试时间段，测点 7、测点 8 的 MRT 值仍然低于其他两个方案。

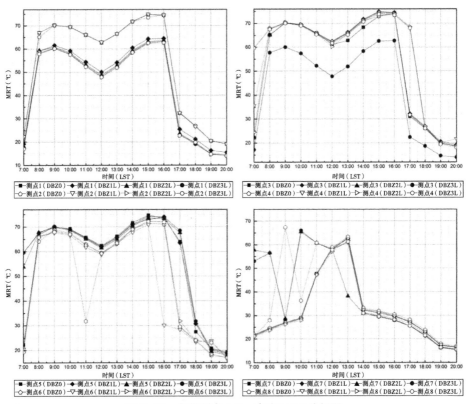

图 5-22　数据测点 1.5m 高度 MRT 分析图

因此，在并列式典型城市形态模型中，由于地下空间开发造成的地面建筑组合形式发生变化，能够有效改善地面的热环境状况，使地面 MRT 值在绿化区域降低 12℃左右，整体区域能够降低 2.5℃，形成良好的室外热环境。

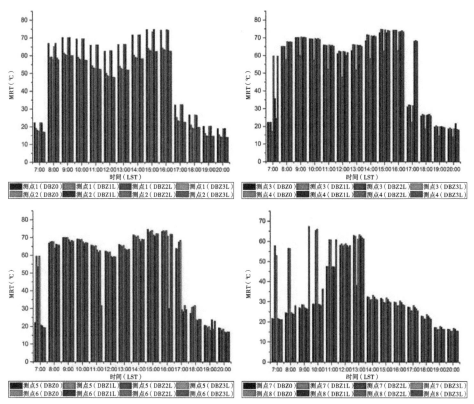

图 5-23　数据测点 1.5m 高度 MRT 柱状分析图

5.2.2　点式典型城市形态

1. 建筑高度变化

图 5-24 显示了点式典型城市形态地下空间开发建筑高度变化构成的分析模型的编号、数据测点分布及三维视图，表 5-8 为每个模型的参数。

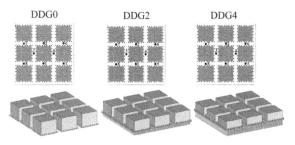

图 5-24　点式典型城市形态地下空间开发建筑高度变化构成的分析模型

表 5-8　点式典型城市形态建筑高度变化分析模型参数

模型编号	地块尺寸/m	地面建筑高度/m	建筑密度	建筑单体尺寸/m	绿化率	容积率	地上建筑面积/m²	建筑层数	街区层峡高宽比	放入地下空间面积/m²	地下空间开发层数	地下空间开发规模/m²
DDG0	240×240	50	55%	60×60	30%	5.6	324000	10	50/20	—	—	—
DDG2	240×240	40	55%	60×60	30%	4.5	172800	8	40/20	64800	2	115200
DDG4	240×240	30	55%	60×60	30%	3.3	129600	6	30/20	129600	3	172800

（1）风场分析。

由图 5-25 可知，与并列式典型城市形态模型高度变化的情况相同，点式典型城市形态中 3 个模型方案中风速按照由大到小排列为：DDG0 > DDG2 > DDG4，且 3 个方案中风速都很低，整体风速在 1m/s 以内。比较特殊的是 DDG4 中的测点 2，

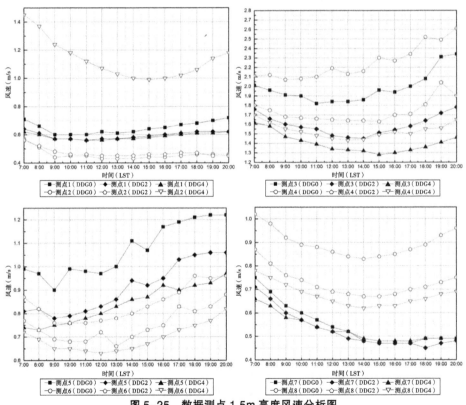

图 5-25　数据测点 1.5m 高度风速分析图

在地面建筑高度降低 20m 后，次级环流作用加强，风速比其他方案提高 0.5m/s。

　　因此，结合并列式典型城市形态模型的数据结果分析，可能存在一个地下空间开发临界值，使地面建筑高度降低到一定程度后，风速变化的趋势产生转变（风速变化由随着地下空间开发量的增加而减小变为随着地下空间开发量的增加而增大）。

　　（2）湿度分析。

　　如图 5-26 所示，3 个模型方案中相对湿度由大到小的排列为：DDG0 ＞ DDG2 ＞ DDG4。与并列式典型城市形态相同的是，在地面建筑布局不变、绿化率不变的情况下，降低建筑高度相对湿度的变化较小，在 5% 之内。但是，与并列式典型城市形态变化趋势不同的是，在点式典型城市形态模型中进行地下空间开发，地面建筑高度每降低 10m，相对湿度变化程度相近，均为 3% 左右，测点 1 的变化较大，能够达到 5%。

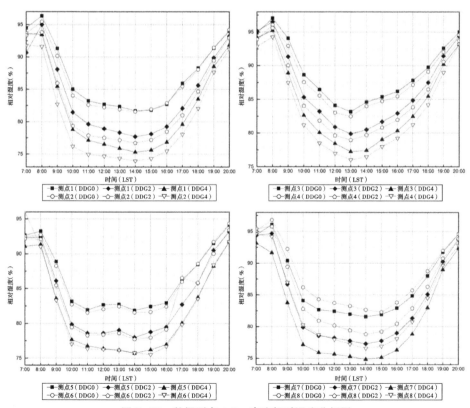

图 5-26　数据测点 1.5m 高度相对湿度分析图

因此，在点式典型城市形态模型中，地下空间开发所造成的建筑高度的变化对相对湿度的影响程度较小，但是随着高度的降低，相对湿度降低的程度相近。

（3）温度分析。

由图 5-27 分析可知，3 个模型方案温度由高到低排列为：DDG0 > DDG2 > DDG4。随着地下空间开发量的增加，点式典型城市形态建筑高度随之降低，空气温度呈现下降趋势，建筑高度每下降 10m，在 11：00～15：00 时间段测点温度能够下降 0.5～0.8℃，其中测点 6 在 DDG2 与 DDG4 在 13：00 之间的温度差最大，为 1℃。

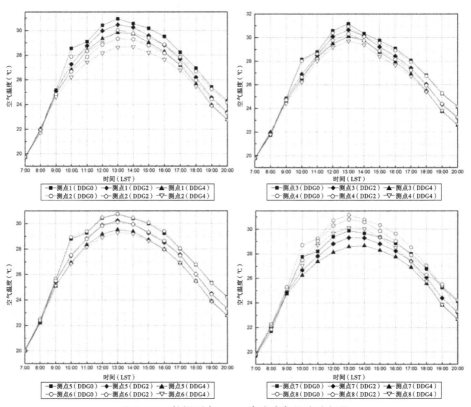

图 5-27　数据测点 1.5m 高度空气温度分析图

可见，在点式典型城市形态模型中，地下空间开发所造成的建筑高度变化，能够有效降低白天的空气温度（0.8℃左右），且随着地下空间开发量的增加与建筑高度的降低而降低。

（4）MRT 分析。

根据图 5-28、图 5-29 分析可知，点式典型城市形态各方案 MRT 值从高到低排列为：DDG0＞DDG4＞DBG2，MRT 值随着地下空间开发量的增加而降低，但是各方案相差非常小，在 1℃之内，除测点 3、测点 4 由于位于道路上受到太阳辐射造成 MRT 值在 11：00、14：00、15：00 较高外，曲线几乎重合。

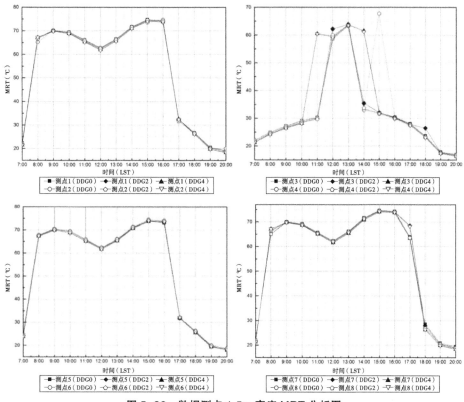

图 5-28　数据测点 1.5m 高度 MRT 分析图

因此可以近似地认为，在点式典型城市形态模型中进行地下空间开发，在建筑高度发生变化的情况下，室外热环境质量不产生变化。

2. 建筑组合形式变化

图 5-30 显示了点式典型城市形态地下空间开发建筑组合变化构成的分析模型的编号、数据测点分布及三维视图，表 5-9 为每个模型的参数。

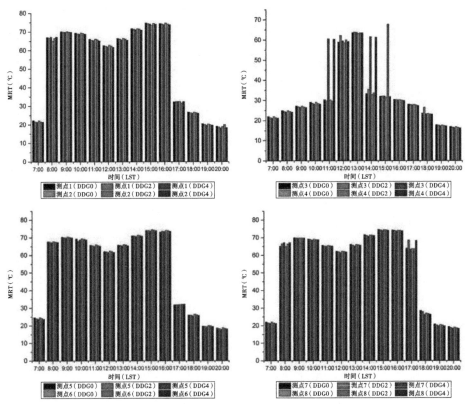

图 5-29　数据测点 1.5m 高度 MRT 柱状分析图

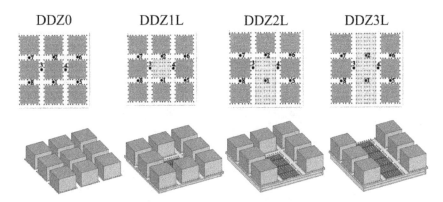

图 5-30　点式典型城市形态地下空间开发建筑组合变化构成的分析模型

表 5-9 点式典型城市形态建筑组合变化分析模型参数

模型编号	地块尺寸/m	地面建筑高度/m	建筑密度	建筑单体尺寸/m	绿化率	容积率	地上建筑面积/m²	建筑层数	街区层峡高宽比	放入地下空间面积/m²	地下空间开发层数	地下空间开发规模/m²
DDZ0	240×240	50	55%	60×60	30%	5.6	324000	10	50/20	—	—	—
DDZ1L	240×240	50	50%	60×60	36%	5	288000	10	50/20	36000	1	57600
DDZ2L	240×240	50	43%	60×60	43%	4.3	252000	10	50/20	72000	2	115200
DDZ3L	240×240	50	37%	60×60	50%	3.7	216000	10	50/20	108000	2	115200

（1）风场分析。

由图 5-31 可知，点式典型城市形态模型中地下空间开发建筑组合形式发生变化后，由于模型形态的变化对风场的影响，每个方案的风速由于处于模型中的

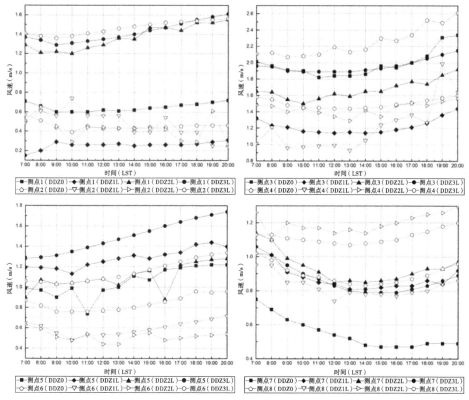

图 5-31 数据测点 1.5m 高度风速分析图

位置不同而变化明显。整体上看，建筑功能放入地下的区域测点风速明显提高，测点 1、测点 2、测点 3、测点 5、测点 6 在 DDZ3L 中的风速都是最高的，日间风速比其他方案高 1.2m/s（测点 2 在 14:00）。DDZ2L 中的测点风速是仅次于 DDZ3L 风速分布的方案，在测点 1、测点 2、测点 3 的风速与 DDZ3L 只相差 0.05～0.2m/s，比其他方案高 0.4～0.7m/s。

需要说明的是，DDZ1L 的风速分布相较于 DDZ0 相差不大，且出现部分测点（测点 1、测点 3、测点 4）低于 DDZ0 方案的情况。这是由于点式典型城市形态模型的建筑密度较高，次级环流作用较强的原因。在建筑组合形式变化后，DDZ1L 只有中间建筑放入地下，形成围合式形态布局，反而阻挡了风场在模型区域中的流动，次级环流的作用也被扰乱。但是总体上 DDZ1L 的风速分布高于 DDZ0 方案（平均风速高 0.3m/s）。

这表明在点式典型城市形态模型中，地下空间开发产生的建筑组合形式变化，能够有效地改善地面的风环境，并且随着地下空间开发量的增加，环境开敞性越高，风环境改善越明显。

（2）湿度分析。

由图 5-32 可知，各测点的相对湿度值所表现的特征与点式典型城市形态模型高度变化有所区别，随着地下空间开发量的增加，模型整体区域内相对湿度减小，但是变为绿化区域（地下空间开发区域）的相对湿度有所增加。

DDZ3L 中测点 1、测点 2 的相对湿度最多高于其他 3 个方案 4%。DDZ2L 中测点 1 的相对湿度与 DDZ3L 相差不大（只低 0.2%），但是测点 2 在 DDZ2L 中由于不在绿地之上，因此相对湿度在 14:00 后是 4 个方案中最小的。同样地，测点 3、测点 4、测点 5、测点 6、测点 7、测点 8 都出现在 DDZ0 与 DDZ1L 中的相对湿度高于 DDZ2L、DDZ3L 中的现象（高 2%～3%）。

这主要是由于点式典型城市形态模型的建筑密度与建筑尺度较高造成的，该模型只有 9 栋建筑，在进行地下空间开发后，中间的绿地广场形成了该模型区域的一个风道，使得绿地增加的湿度无法分布到模型其他区域中。如果只进行最低规模的地下空间开发（DDZ1L），则由于绿地增加和最下方建筑对风场的遮挡，绿地增加的湿度就会分布到模型区域中，从而使湿度增加（DDZ1L 的湿度比 DDZ0 高 0.3%）。

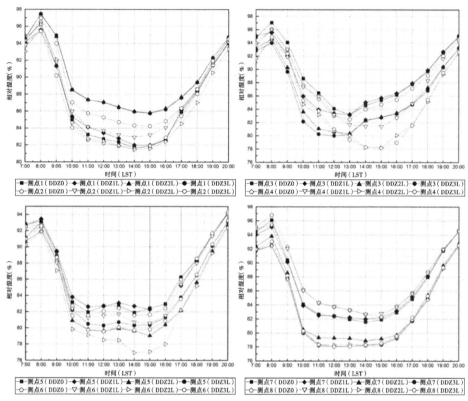

图 5-32　数据测点 1.5m 高度相对湿度分析图

由此可知,进行地下空间开发后形成的地面形态,包括建筑密度、建筑体量、建筑分布模式,都会形成不同特征的微气候环境,从而对微气候指标产生影响,应当对具体方案进行具体分析,用量化的指标数据判定地下空间开发规划方案的优劣。

（3）温度分析。

由图 5-33 可知,在进行地下空间开发后,空气温度有明显的降低,4 个模型方案中空气温度按照由高到低排列为:DDZ0＞DDZ1L＞DDZ2L＞DDZ3L。在日间时间段 10：00～16：00 内,DDZ3L、DDZ2L 的温度比 DDZ0、DDZ1L 低1.5～2℃,DDZ2L 与 DDZ3L、DDZ0 与 DDZ1L 之间温度相差不大,在 0.1℃左右。

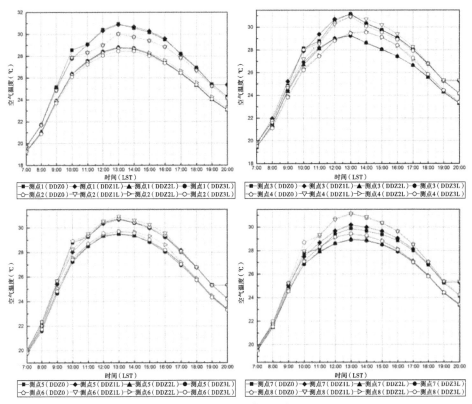

图 5-33 数据测点 1.5m 高度空气温度分析图

这表明在点式典型城市形态模型中,随着地下空间开发规模的增加,地面建筑组合形式发生改变,能够有效降低地面的空气温度。

(4)MRT 分析。

由图 5-34、图 5-35 可知,在将地面功能放入地下之后,进行绿化的区域热环境明显改善,在日间时间段 10:00～16:00 内,测点 1、测点 2 的 MRT 值在 DDZ2L、DDZ3L 之中可降低 10℃左右。其他数据测点的 MRT 值相近,变化符合太阳辐射强度变化的规律,同时也存在 MRT 值 DDZ3L < DDZ2L < DDZ1L < DDZ0 的规律(值差在 0.5℃内)。

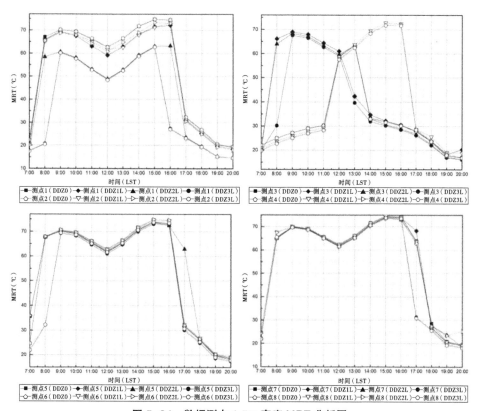

图 5-34　数据测点 1.5m 高度 MRT 分析图

因此，在点式典型城市形态模型中，进行地下空间开发造成的地面建筑组合形式的变化，能够起到改善地面热环境质量的作用。热环境的改善由地下空间开发后所形成的下垫面与城市形态决定。热环境的改善可使地面 MRT 值在绿化区域降低 10℃左右，形成良好的室外环境。

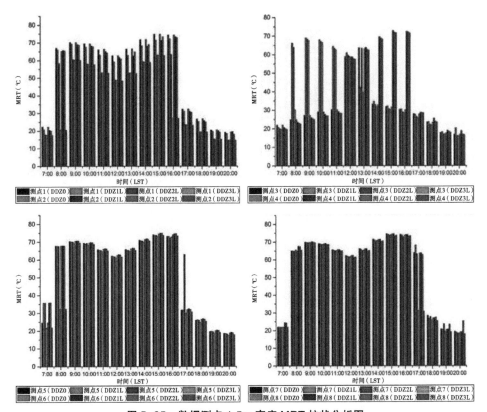

图 5-35　数据测点 1.5m 高度 MRT 柱状分析图

5.2.3　围合式典型城市形态

1. 建筑高度变化

图 5-36 显示了围合式典型城市形态地下空间开发建筑高度变化构成的分析模型的编号、数据测点分布及三维视图。表 5-10 列出了每个模型的参数。

表 5-10　围合式典型城市形态建筑高度变化分析模型参数

模型编号	地块尺寸/m	地面建筑高度/m	建筑密度	建筑单体尺寸/m	绿化率	容积率	地上建筑面积/m²	建筑层数	街区层峡高宽比	放入地下空间面积/m²	地下空间开发层数	地下空间开发规模/m²
DWG0	240×240	50	35%	20×60	37%	3.3	192000	10	50/20	—	—	—
DWG2	240×240	40	35%	20×60	37%	3	153600	8	40/20	38400	1	57600
DWG4	240×240	30	35%	20×60	37%	2.25	115200	6	30/20	76800	2	115200

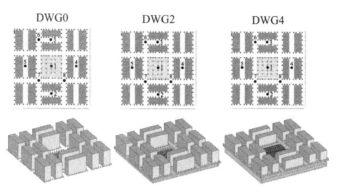

图 5-36　围合式典型城市形态地下空间开发建筑高度变化构成的分析模型

（1）风场分析。

由图 5-37 可知，测点 1、测点 2、测点 3 处的风速随着地下空间开发规模的增加及地面建筑高度的降低而增加，但是每条风速曲线之间相差 0.1～0.2m/s，

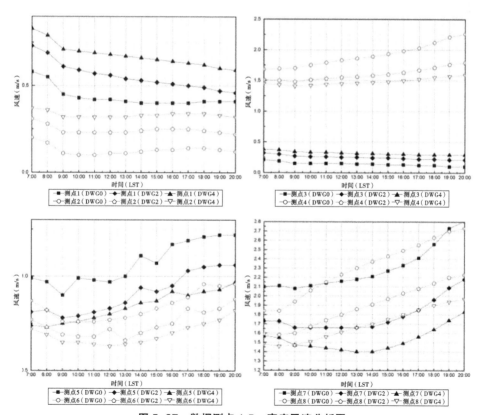

图 5-37　数据测点 1.5m 高度风速分析图

变化非常微小，可以忽略不计，这是由于下方建筑物对进入模型区域内风场的遮挡作用造成的。

而测点4、测点5、测点6、测点7、测点8的风速变化与地下空间开发规模的关系与并列式模型和点式模型在高度变化模式下的规律相同，风速随着地下空间开发规模的增加及建筑高度的降低而降低。

由此可知，在围合式典型城市形态模型中，区域整体风速随着地下空间开发规模的增加而降低，且降低速度呈减缓趋势。

（2）湿度分析。

如图5-38所示，3个模型方案中相对湿度由大到小的排列为：DWG0＞DWG2＞DWG4。与并列式与点式形态相同的是，在地面建筑布局不变、绿化率不变的情况下，降低建筑高度时，相对湿度的变化较小，只有2%～3%，可以忽略不计。

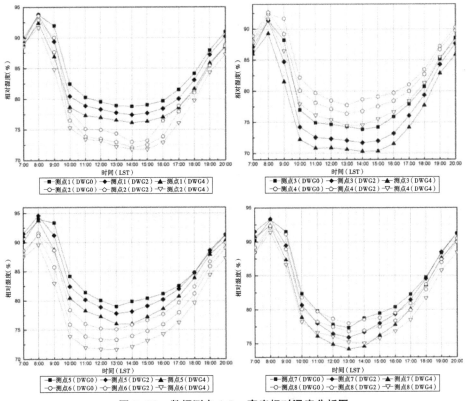

图5-38　数据测点1.5m高度相对湿度分析图

因此可以认为，在围合式典型城市形态模型中，在地面绿化率和建筑布局不变的情况下，地下空间开发所引起的建筑高度的变化对相对湿度影响可以忽视不计。

（3）温度分析。

由图 5-39 分析可知，各方案空气温度由高到低排列大部分为：DWG2 >DWG4 > DWG0。测点 1 在 DWG4 中的温度小于其他两个方案 0.2℃（13：00），测点 5、测点 7、测点 8 在 DWG0 中的温度小于其他两个方案 0.3℃，这是由于测点 1 位于绿地中央，测点 5、测点 7 位于绿地边缘，风速的增加造成热量散发的加快，从而使温度降低。其他测点的温度变化不大，每个方案之间相差在 0.1℃之内。

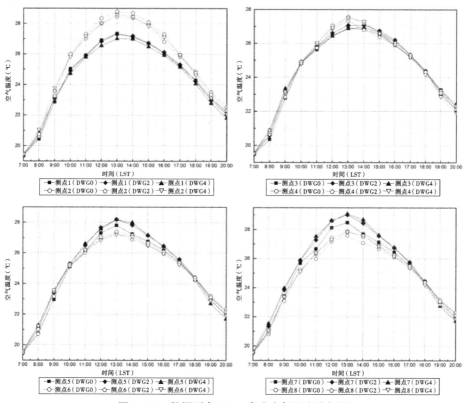

图 5-39　数据测点 1.5m 高度空气温度分析图

因此，在围合式典型城市形态模型中，由于中间绿地的存在，建筑高度降低的模式对空气温度的影响不大，只有绿地及其周围环境有较小的变化。

（4）MRT 分析。

由图 5-40、图 5-41 可知，各方案整体上 MRT 值从高到低排列为：DWG4
＞DWG2＞DWG0，但是每个方案之间差值很小。DWG4 在测点 1、测点 2、测
点 3 的 MRT 值高于其他两个方案 3～4℃，较为明显。从曲线图上可以看出，相
同的测点方案与方案之间的 MRT 值差距非常小，曲线非常接近。

因此可以认为，在围合式典型城市形态模型中，随着地下空间开发的增加
及地面建筑高度的降低，热环境质量整体上呈现变差的趋势，尤其是在围合空
间中，有较为明显的上升。

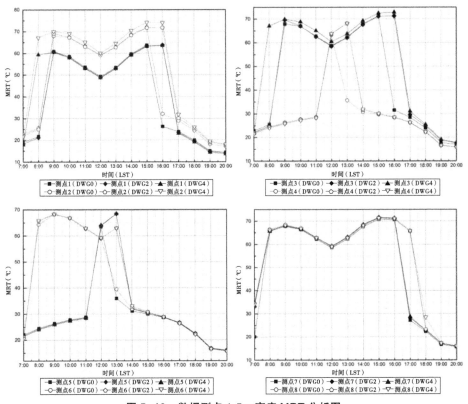

图 5-40　数据测点 1.5m 高度 MRT 分析图

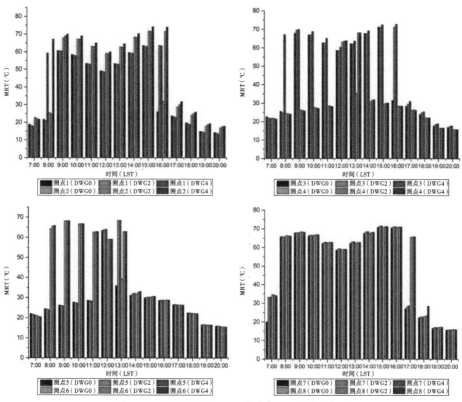

图 5-41　数据测点 1.5m 高度 MRT 柱状分析图

2. 建筑组合形式变化

图 5-42 显示了围合式典型城市形态地下空间开发建筑组合变化构成的分析
模型的编号、数据测点分布及三维视图。表 5-11 列出了每个模型的参数。

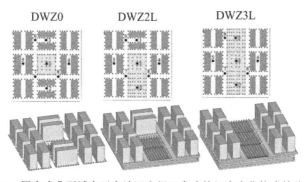

图 5-42　围合式典型城市形态地下空间开发建筑组合变化构成的分析模型

表 5-11　围合式典型城市形态建筑组合变化分析模型参数

模型编号	地块尺寸/m	地面建筑高度/m	建筑密度	建筑单体尺寸/m	绿化率	容积率	地上建筑面积/m²	建筑层数	街区层峡高宽比	放入地下空间面积/m²	地下空间开发层数	地下空间开发规模/m²
DWZ0	240×240	50	35%	20×60	37%	3.3	192000	10	50/20	—	—	—
DWZ2L	240×240	50	29%	20×60	43%	2.9	168000	10	50/20	24000	1	57600
DWZ3L	240×240	50	25%	20×60	50%	2.5	144000	10	50/20	48000	1	57600

（1）风场分析。

由图 5-43 可知，在围合式典型城市形态中，在地下空间开发之后形成的地面建筑形态，在绿地区域内风速随着地下空间开发量的增加而增加，在其他区域根据具体的形态、环境要素不同而不同，需要具体分析，因此形成的风场分布也较为复杂。

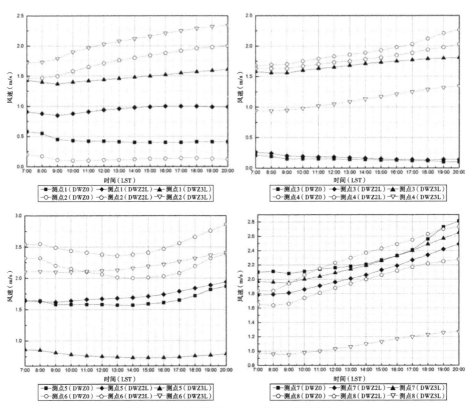

图 5-43　数据测点 1.5m 高度风速分析图

在测点 1、测点 2、测点 3 处，随着地下空间开发量的增加，风速逐渐变大，且变化幅度较大。测点 1 处 DWZ3L 比 DWZ2L 平均高 0.5m/s，比 DWZ0 平均高 1m/s；测点 2 处 DWZ3L 比 DWZ2L 平均高 0.5m/s，比 DWZ0 平均高 2m/s；测点 3 处 DWZ3L 比 DWZ2L 平均高 1.7m/s，比 DWZ0 平均高 1.9m/s。

测点 4 在 DWZ3L 中风速最低，平均为 1m/s，在 DWZ0 中风速最高，在 DWZ2L 同样风速最高超过 2m/s。测点 5 在 DWZ3L 中风速最低，不到 1m/s，在 DWZ2L 中风速最高，在 DWZ0 中同样风速最高超过 1.5m/s。测点 6 在 DWZ0 中风速最低（11:00 之后低于其他两个方案），测点 7 在 DWZ2L 中风速最低，测点 8 在 DWZ3L 中风速最低。这些测点的风速主要受到周围建筑形态对风场流动的影响，因此在各自区域形成不同的风速特征。

（2）湿度分析。

由图 5-44 可知，围合式典型城市形态在进行建筑组合模式变化后，在绿化区域相对湿度随着地下空间开发量的增加而增大，在其他区域则呈现 DWZ3L ＞ DWZ0 ＞ DWZ2L 的规律（测点 5 处相对湿度则是 DWZ0 ＞ DWZ3L ＞ DWZ2L）。

DWZ3L 中测点 1 相对湿度比 DWZ2L 中增大 6%，比 DWZ0 中增大 10%；测点 2 相对湿度比 DWZ2L 中增大 8%，比 DWZ0 中增大 22%（14:00）；测点 3 比其他两个方案高 15% 左右，由此可知绿化区域的形成对于提高相对湿度有明显作用。

测点 4、测点 5、测点 8 在 DWZ0 中的相对湿度最大，比其他两个方案大 3%～5%；测点 6、测点 7、测点 8 在 DWZ2L 中的相对湿度最小，比其他两个方案小 5%～8%，在绿化区域之外，相对湿度的变化不大。

因此，从总体上可以认为，在围合式典型城市形态模型中，随着地下空间开发规模的增加，相对湿度呈现增加的趋势。

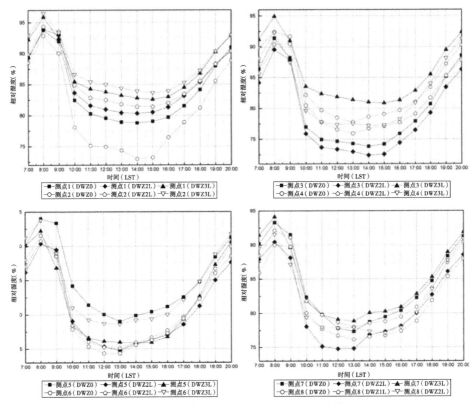

图 5-44　数据测点 1.5m 高度相对湿度分析图

（3）温度分析。

由图 5-45 可知，各测点空气温度由高到低排列为：DWZ3L ＞ DWZ0 ＞ DWZ2L。没有呈现绿化区域空气温度最低的特点。

其中，测点 1 在 DWZ3L 中的温度高于其他两个方案 1.5℃、1.8℃（14:00）；测点 2 在 DWZ0 中的温度稍高于 DWZ3L 方案（14:00，0.1℃），较高于 DWZ2L 方案（14:00，0.45℃），此处体现了绿地增加温度降低的特点；测点 3～测点 8 与测点 1 的规律相同。

这是因为随着地下空间开发的增加，地面上方的建筑功能放入地下，地面对太阳辐射减少了遮挡，造成地面吸收热量增加，加之围合式典型城市形态模型原本绿化率较高，增加的绿化规模较小（DWZ3L 比 DWZ0 增加 10% 绿化），造成地下空间开发后温度升高。

　　因此，在围合式典型城市形态模型中，由于建筑形态和绿化率的影响，地下空间开发增加反而造成其空气温度升高。

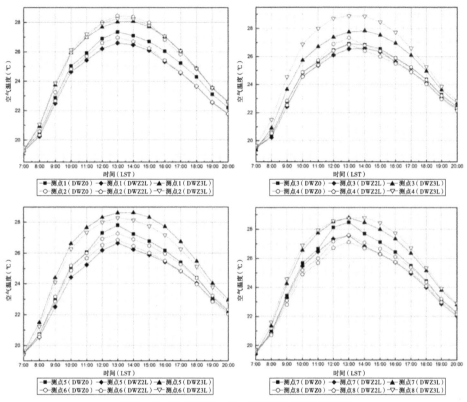

图 5-45　数据测点 1.5m 高度空气温度分析图

（4）MRT 分析。

　　由图 5-46、图 5-47 可知，测点 2、测点 3 处的 MRT 值是进行地下空间开发之后变化最明显的测点，这两个测点都位于放入地下的原地面建筑区域；测点 2 在 DWZ3L 中与 DWZ2L 中 MRT 值大部分相近，相差不到 0.1℃，比 DWZ0 低 10℃；测点 3 在 DWZ2L 中与 DWZ0 中 MRT 值相近，相差不到 0.1℃，比 DWZ3L 最多高 10℃，由此可知在进行建筑组合变化后，变化区域的热环境得到明显改善。

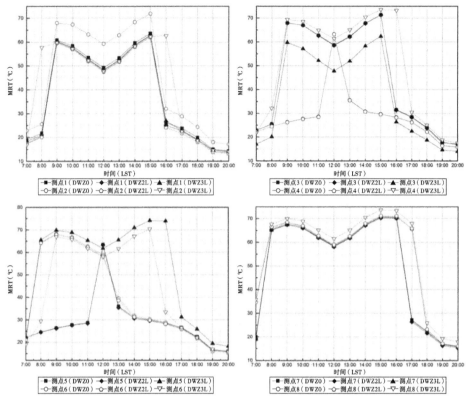

图 5-46　数据测点 1.5m 高度 MRT 分析图

测点 4、测点 5、测点 8 出现 DWZ3L 中的 MRT 值高于其他两个方案中的现象，这是由于该方案中测点处的风速降低、湿度升高、空气温度升高等因素共同作用的结果，进一步表明地下空间开发后形成的热环境受到多种因素的影响，需要对具体区域进行具体分析。

但是由于测点 2、测点 3 两处区域热环境有明显改善，其他区域的变化可以忽略，因此认为在围合式典型城市形态模型中，地下空间开发进行建筑组合变化后，室外热环境得到改善。

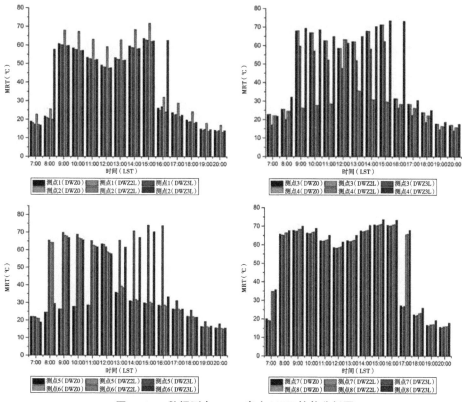

图 5-47　数据测点 1.5m 高度 MRT 柱状分析图

5.3　真实城市形态模型地下空间开发研究分析

5.3.1　建筑高度变化

图 5-48 显示了真实城市形态地下空间开发建筑高度变化构成的分析模型的编号、数据测点分布及三维视图。表 5-12 列出了每个模型的参数。

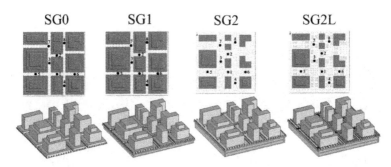

图 5-48 真实城市形态地下空间开发建筑高度变化构成的分析模型

表 5-12 真实城市形态建筑高度变化分析模型参数

模型编号	地块尺寸/m	地面建筑高度/m	建筑密度	绿化率	容积率	地上建筑面积/m²	建筑层高/m	建筑层数	放入地下空间面积/m²	地下空间开发层数	地下空间开发规模/m²
SG0	200×200	50	80%	12%	5.2	208000	裙楼5其他4	12（裙楼为1、2层）	—	—	—
SG1	200×200	45	80%	12%	4.5	176000	裙楼5其他4	11（裙楼为1层）	32000	1	40000
SG2	200×200	40	33%	55%	3.6	144000	4	10	64000	2	80000
SG2L	200×200	40	33%	55%	3.6	144000	4	10	64000	2	80000

1. 风场分析

由图 5-49 可知，在进行地下空间开发后，随着裙楼的商业功能放入地下，整个模型地块中地面的开拓度提高，天空视域因子（SVF）增大，地面绿化面积增加，模型中整体风速更加接近自然风速，高层建筑及高宽比的层峡结构所形成的次级环流作用减弱，整体风速分布随着地下空间开发量的增加更加平稳、均匀，昼夜变化幅度减小，风环境得到优化。

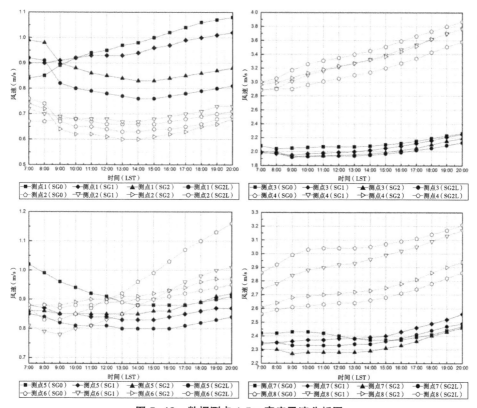

图 5-49　数据测点 1.5m 高度风速分析图

与典型城市形态模型的结果规律相似，测点 1、测点 2、测点 5、测点 6 由于处于建筑对风流场的阻挡位置，因此风速较小（＜1m/s），在进行地下空间开发后风速有所降低但是幅度很小（平均为 0.05～0.1m/s）。测点 3、测点 4、测点 7、测点 8 位于南北走向道路中，风速较高（＞2m/s），进行地下空间开发后，SG2L 的风速与 SG0 相比最高降低 0.4m/s（测点 8 在 11:00），风速分布更加均匀。

2. 湿度分析

由图 5-50 可知，与典型城市形态模型的结果规律相似，SG0 的相对湿度处于过高的分布上且变化很小，大部分时间段都在 98% 以上，这是由于 SG0 的建筑密度和建筑高度都非常高，虽然局部风速由于次级环流作用较高，但是模型内部空气流动性低，使湿度聚集在模型区域，无法散发。

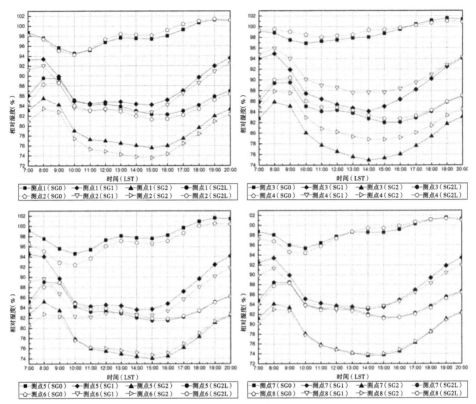

图 5-50 数据测点 1.5m 高度相对湿度分析图

在进行地下空间开发后，SG1 的相对湿度比 SG0 降低 14% 左右（11：00～17：00），且昼夜有较大变化，从 7：00 的 96% 降到 14：00 的 84%，变化更符合自然规律。但是随着地下空间开发规模的扩大，在裙楼全部放入地下后，如果不进行地面绿化处理，相对湿度会迅速减小，日间分布为 74%～80%（SG2），比 SG0 减小 25% 左右，比 SG1 减小 10% 左右，过小的空气湿度反而不利于微气候的改善。若同时进行地面绿化处理，相对湿度则又处于相对合理的范围，SG2L 的相对湿度与 SG1 接近但变化幅度较小，曲线更加平缓。在午间（11：00～15：00）时间段内 SG2L 的相对湿度与 SG1 相差在 2% 左右，在 15：00 之后则差距更明显（约 5%），湿度环境更佳。

因此，在对高密度区域进行地下空间开发后，结合地面建筑形态与下垫面变化的共同作用，室外环境得到明显改善，更符合自然环境要求。

3. 温度分析

由图 5-51 可知，与典型城市形态模型的结果规律相似，随着地下空间开发量的增加，空气温度呈现下降趋势。

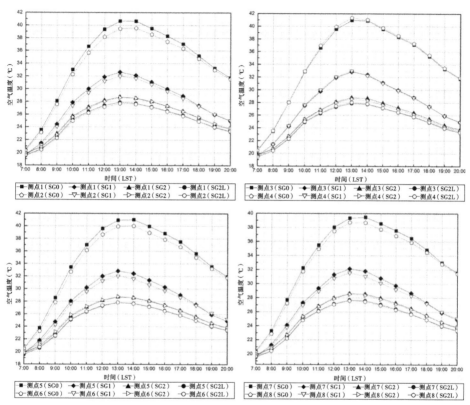

图 5-51　数据测点 1.5m 高度空气温度分析图

SG0 的空气温度明显高于其他 3 个方案，最高温度能够达到 41.7℃（测点 4 在 13:00），比 SG1 的最高温度高近 10℃，且温差很大，达到 20℃左右。进行地下空间开发后，空气温度有明显下降，SG1 的温度曲线比 SG0 的温度曲线平均低 6℃，随着地下空间开发规模的增加，温度继续降低，但降低幅度减小，SG2 比 SG1 温度平均降低 2℃，最高降低 3℃。但是在不增加地下空间开发量，增加地面绿化、改善地面环境的基础上，地面温度继续下降，SG2L 比 SG2 下降 1℃左右。

因此，对高密度城市区域进行地下空间开发，能够改善地面环境，明显降低室外温度，且进行地下空间开发对建筑形态改变产生的降温作用优于增加地面绿植的效果。

4. MRT 分析

由图 5-52、图 5-53 可知，与典型城市形态模型的结果规律相似，随着地下空间开发量的增加，MRT 指标呈现不断改善的趋势。

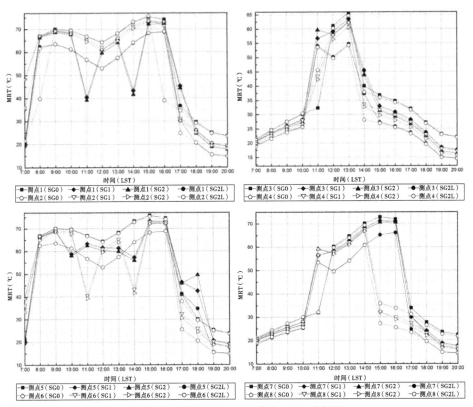

图 5-52　数据测点 1.5m 高度 MRT 分析图

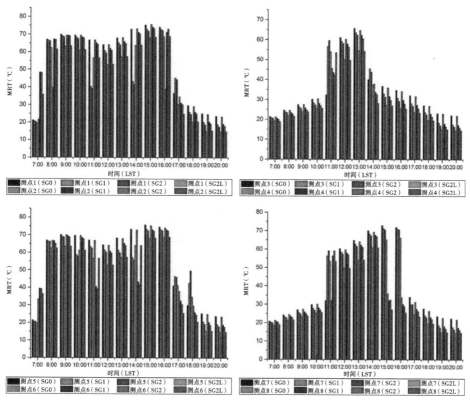

图 5-53　数据测点 1.5m 高度 MRT 柱状分析图

　　进行地下空间一层开发后，SG1 的 MRT 值比 SG0 的 MRT 值低 4℃左右，继续增加地下空间的开发量，SG2 的 MRT 值比 SG1 的 MRT 值低 2℃左右，这表明随着地下空间开发量的增加，对室外热环境的改善呈现递减趋势。继续增加绿植的面积，则 MRT 得到较大的改善，SG2L 的 MRT 值比 SG2 的 MRT 值低 9℃左右，这表明绿色植物对于改善真实单元模型室外热环境和舒适度的作用更大。这是因为虽然地下空间开发对改善温度的效果优于植被，但是由于该模型在进行地下空间开发后建筑形态对阳光的遮挡作用减弱，受到的太阳辐射量增加，因此造成形态变化对 MRT 的改善效果不如植被的现象。

　　由此可知，在进行地下空间开发后，随着地下空间开发量的增加，室外热环境得到改善，但改善的速度呈现减小的趋势；热环境的改善同时受到建筑形态和绿植的影响，优化的形态设计和绿植布置会使热环境取得显著的改善效果。

5.3.2 建筑组合形式变化

图 5-54 显示了真实城市形态地下空间开发建筑组合变化构成的分析模型的编号、数据测点分布及三维视图。表 5-13 列出了每个模型的参数。

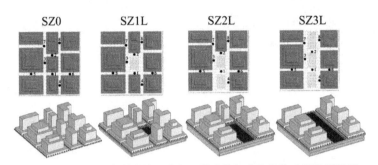

图 5-54 真实城市形态地下空间开发建筑组合变化构成的分析模型

表 5-13 真实城市形态建筑组合分析模型参数

模型编号	地块尺寸/m	地面建筑高度/m	建筑密度	绿化率	容积率	地上建筑面积/m²	建筑层高/m	建筑层数	放入地下空间面积/m²	地下空间开发层数	地下空间开发规模/m²
SZ0	200×200	50	80%	12%	5.2	208000	裙楼5 其他4	12（裙楼为1、2层）	—	—	—
SZ1L	200×200	50	74%	17%	4.9	197950	裙楼5 其他4	12（裙楼为1、2层）	10050	1	40000
SZ2L	200×200	50	67%	25%	4.6	184950	裙楼5 其他4	12（裙楼为1、2层）	23050	1	40000
SZ3L	200×200	50	59%	33%	4.2	170950	裙楼5 其他4	12（裙楼为1、2层）	37050	1	40000

1.风场分析

如图5-55所示，在组合形式变化的模式下，随着地下空间开发规模的增加，风环境整体呈现改善的效果。

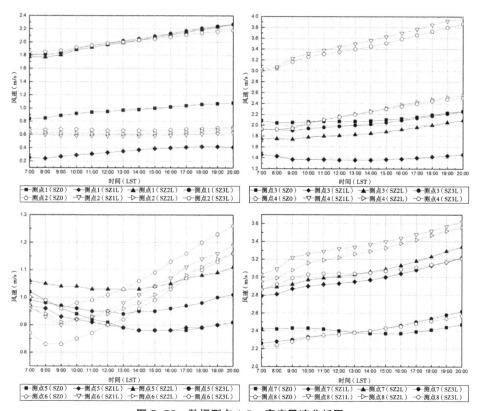

图5-55 数据测点1.5m高度风速分析图

与典型城市形态模型的结果规律相同，在进行地下空间开发形成围合式形态（SZ1L）后，各测点的风速在不同的位置有所不同。具体到真实城市形态模型中，SZ1L南北向道路的风场加强，测点4、测点7、测点8处的风速由于建筑形态变化而高于其他方案，但在其他测点的风速都是较低的，且在测点1、测点2、测点5、测点6处低于1m/s，与其他方案最低相差0.4m/s，最高相差2m/s。由于SZ1L的风速分布不均匀，道路中风速过高，其他区域风速过低，因此在真实城市形态模型中SZ1L的风环境比SZ0要差。

SZ3L 的风速比 SZ2L 高 0.3~0.5m/s，比较接近，比 SZ0 高 1m/s 左右。SZ3L 与 SZ2L 形成的风场分布较为均匀，各测点风速都处于较高的分布上，但是测点 4、测点 7、测点 8 在 SZ2L 中的风速明显高于 SZ3L，与 SZ1L 的情况基本相同，因此 SZ2L 的风环境比 SZ3L 的要差。

2. 湿度分析

分析图 5-56 可知，与典型城市形态模型的变化规律相同，进行地下空间开发后，除 SZ1L 由于形成围合式形态湿度变化比较复杂外，整个模型的相对湿度环境随着地下空间开发量的增加而改善。

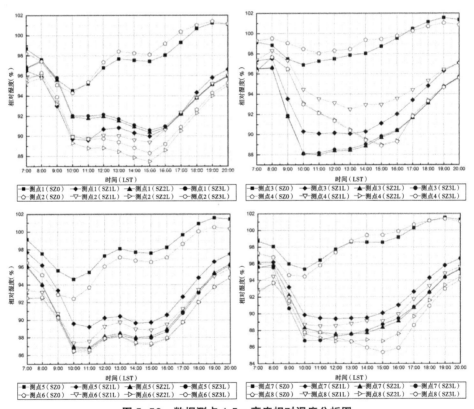

图 5-56　数据测点 1.5m 高度相对湿度分析图

SZ0 由于建筑密度和建筑高度都非常高，模型内部空气流动性低，使湿度聚集在模型区域，无法散发，相对湿度过大且变化很小，大部分时间段都在 98% 以上（13:00 之后），最大接近 102%。

进行地下空间开发后，SZ1L 的相对湿度环境优于 SZ0，SZ1L 的相对湿度比 SZ0 可降低 6%～9%；但是比 SZ2L、SZ3L 差，除测点 1、测点 2 处相对湿度小于 SZ2L、SZ3L 外（小 1% 左右），其他测点的相对湿度都大于这两个方案（大 2% 左右），部分原因在于该方案的风场分布不均匀。

DZ2L 与 DZ3L 的相对湿度值相差不大，可以忽略不计，但是比 SZ0 减小 10% 左右，且曲线变化更加符合自然变化规律，在 10:00～15:00 时间段相对湿度较小。

3. 温度分析

由图 5-57 可知，与典型城市形态模型变化规律相同，在建筑组合变化模型下，随着地下空间开发量的增加，空气温度呈现下降趋势，且随着地下空间开发量的增加，空气温度下降效果减弱。

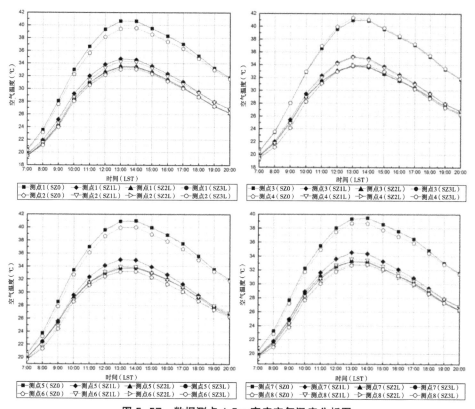

图 5-57　数据测点 1.5m 高度空气温度分析图

SZ1L 比 SZ0 温度最高下降 6.3℃（测点 4 在 13：00），平均降低 4℃；SZ2L 比 SZ1L 温度低 1℃左右；SZ3L 与 SZ2L 空气温度相差不大，平均为 0.1℃，温度曲线几乎重合。

由此可知，在真实城市形态模型中，采用建筑组合形式变化，当地下空间开发量达到一定程度后，继续增加地面绿植面积和减少建筑数量，不能有效改善城市空气温度。

4. MRT 分析

由图 5-58、图 5-59 可知，与典型城市形态模型的结果规律相似，随着地下空间开发量的增加，MRT 指标呈现不断改善的趋势，并且在绿化区域改善最明显。

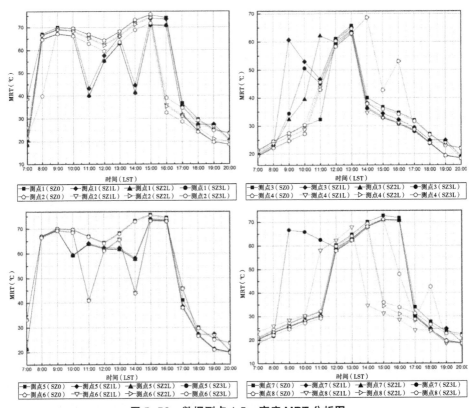

图 5-58　数据测点 1.5m 高度 MRT 分析图

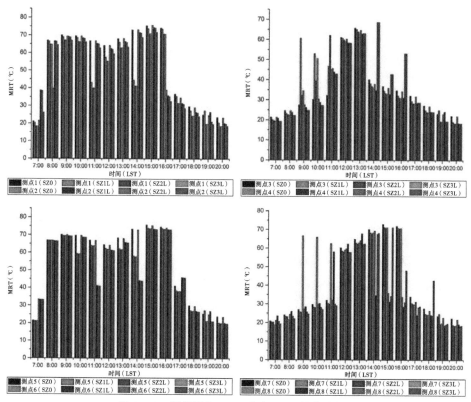

图 5-59　数据测点 1.5m 高度 MRT 柱状分析图

　　进行地下空间开发后，除去受到植被阴影影响和道路上受到阳光直射时间段的点的影响，SZ1L 的 MRT 值比 SZ0 的低 4℃左右；继续增加地下空间的开发量，SZ2L 的 MRT 值比 SZ1L 的低 6℃左右，SZ3L 的 MRT 值与 SZ2L 的差距在 2℃以内。

　　这表明在真实城市形态模型中，随着地下空间开发量的增加，建筑组合形式不断变化，当地下空间开发量达到一定程度后，继续增加地面绿植面积和减少建筑数量，不能继续有效改善城市室外热环境。

5.3.3　下垫面属性变化

　　在第 4 章中分析了地下空间开发对下垫面的影响及其对城市微气候的影响，但是该部分研究的下垫面类型只分析了绿植一种下垫面类型。本节内容主要阐述在真实城市形态模型中进行地下空间开发，形成开敞式地面形态，对中间绿化区域进行不同的下垫面类型微气候指标分析。

图 5-60 显示了真实城市形态地下空间开发下垫面组合变化构成的分析模型的编号、数据测点分布及三维视图。其中，SXD0 为形成开敞式布局未进行绿化的方案，SXD1 为全部进行绿化布置的方案，SXD2 为绿化区域中间部分进行水体布置的方案，SXD3 为在绿化区域进行地下空间地下采光的方案，即 SXD3 为绿化区域中间为采光玻璃的方案。为了直接分析下垫面对微气候指标的影响，在下垫面材质变化区域设置 A、B、C3 个数据测点。

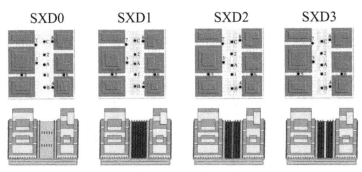

图 5-60　真实城市形态地下空间开发下垫面组合变化构成的分析模型

1. 风场分析

由图 5-61 可知，由于没有任何绿化材质，SXD0 是 4 个方案中风速最大的，比其他方案风速平均高 0.3m/s。

SXD1 是 4 个方案中风速最低的，测点 A、测点 B、测点 C 处比 SXD3 低平均 0.2m/s；SXD2 比 SXD3 的风速略高，但相差不大，在 0.05m/s 以内，可以忽略不计。

其他测点的趋势与测点 A、测点 B、测点 C 相同，但是除测点 1、测点 2 位于下垫面变化区域从而造成风速变化较大外，其他测点的风速变化很小（在 0.3m/s 之内），因此下垫面的变化主要影响变化区域，对变化外区域影响较小。

整体风速分布由大到小为：SXD0 > SXD2 > SXD3 > SXD1。

因此，绿植下垫面对风速的影响是最大的，水体和采光玻璃对风速的影响相近，并且绿植更有利于形成稳定均匀的风场分布。

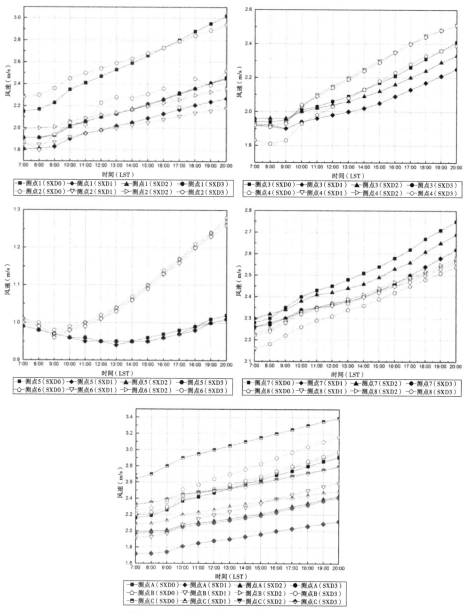

图 5-61　数据测点 1.5m 高度风速分析图

2. 湿度分析

由图 5-62 可知，SXD1、SXD2、SXD3 之间的相对湿度变化不大，在 2% 左右，可以忽略不计，相同测点的相对湿度曲线几乎重合，但是这 3 个方案相对湿度比 SXD0 高 8% 左右。即使在测点 A、测点 B、测点 C 三个下垫面变化区域的测点也遵循这个规律。即使水体上方（SXD2）的测点的相对湿度与 SXD1 方案相比变化也很小（< 1%）。因此可以确定，在绿化率较大的情况下，局部变化下垫面材质对相对湿度影响不大，绿化率是影响相对湿度的主要因素。

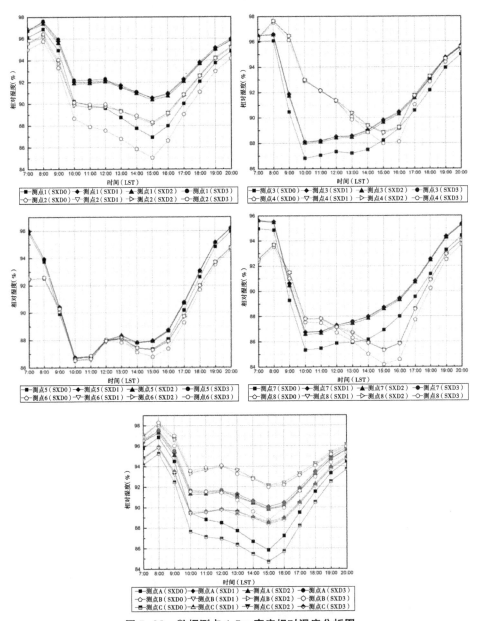

图 5-62　数据测点 1.5m 高度相对湿度分析图

3. 温度分析

由图 5-63 可知，与相对湿度环境的规律相同，SXD1、SXD2、SXD3 在各测点的温度曲线几乎重合，温度相差不大，比 SXD0 温度低 0.5～0.8℃。这说明在绿化面积较大的情况下，局部改变下垫面材质对空气温度影响很小，绿植对空气温度的改善作用大于其他下垫面材质。

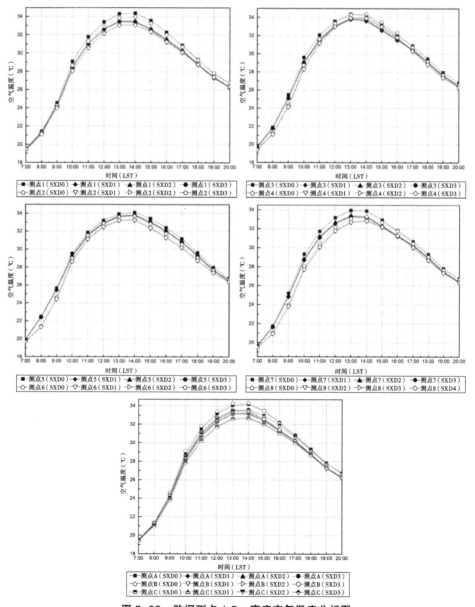

图 5-63　数据测点 1.5m 高度空气温度分析图

4. MRT 分析

由图 5-64、图 5-65 可知，在下垫面材质改变后，模型区域整体 MRT 由高到低排列为：SXD0 > SXD3 > SXD1 > SXD2。

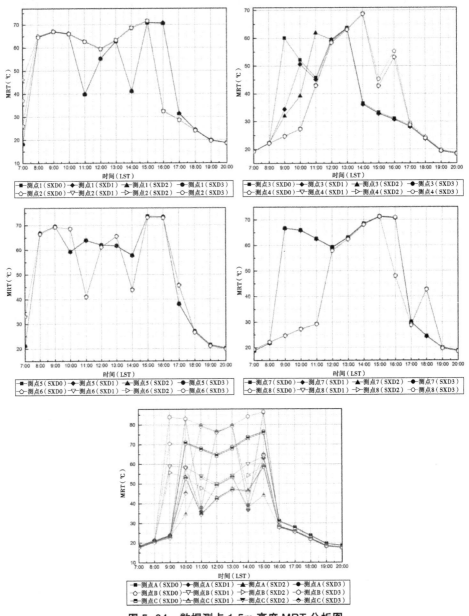

图 5-64　数据测点 1.5m 高度 MRT 分析图

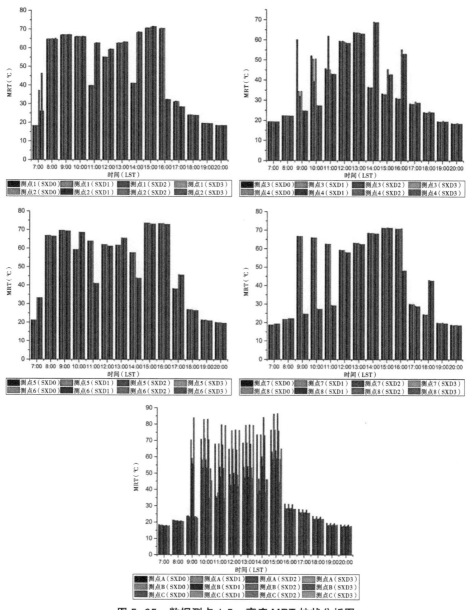

图 5-65　数据测点 1.5m 高度 MRT 柱状分析图

　　在硬质地面、绿植、水体与采光玻璃 4 种下垫面变化区域中，水体对于
MRT 的改善最明显，测点 A、测点 B、测点 C 在 SXD2 中的 MRT 值比其他 3 种
方案都低，比 SXD0 低 30~35℃，比 SXD1 低 5~10℃，比 SXD3 低 40~45℃，

表明水体对于改善地面热环境比绿植效果要好。但是由于采光玻璃材质的热属性较差，在进行地下采光设计的区域形成的热环境比 SXD0 要差，比 SXD0 的 MRT 值高 10℃左右。

由以上分析可知，采光玻璃和硬质地面会造成地面热环境的恶化，绿植和水体能够起到改善地面热环境的效果，且水体的效果比绿植更明显，但是参考风速、空气温度与相对湿度的分析结果，水体对地面热环境的改善效果是建立在绿化率较高的基础之上的，因此，结合水体与绿植的合理设计，能够形成最佳的地面热环境。

5.4   研究总结

以城市地上地下立体化开发视角，归纳了地下空间开发改变城市形态的两种基本方式：建筑高度变化与建筑组合形式变化。

通过在典型城市形态模型与真实城市形态模型中进行地下空间开发，分别进行建筑高度变化与建筑组合形式变化的研究，得到以下结论。

1. 典型城市形态模型分析

（1）在地下空间开发对地面建筑进行高度变化时，地面微气候随着地下空间开发量的增加而改善，但是改善的效果随着地下空间开发量的增加呈递减趋势。在本书中的模型指标下，由地下空间开发形成地面建筑降低 10m 的地下空间开发量对地面微气候的改善效果最为显著，即由于地下空间开发而使地面街区层峡高宽比为 2 时的地下空间开发量对地面微气候改善最有效，超过此开发量，地面微气候改善效果下降。

（2）在地下空间开发对地面建筑组合形式进行变化时，地面微气候随着地下空间开发量的增加而改善，且开敞式形态能够形成最佳的地面微气候。与建筑高度变化相同，在地下空间开发形成半开敞式地面形态的地下空间开发量能够取得最具有效率的地面微气候改善效果，即由于地下空间开发而使地面绿化率为 50% 时的地下空间开发量对地面微气候的改善最有效，继续开发地下空间取得的微气候改善效果出现下降的趋势。由建筑组合形式变化形成的围合式地面形态的各项微气候指标状态复杂，需要根据具体方案和具体环境进行分析，但总体上优于不进行地下空间开发方案。

（3）对比分析建筑高度变化与建筑组合形式变化的结果可知，由建筑组合形式变化得到的地面微气候改善效果优于单纯的进行建筑高度变化的效果。

（4）可以推测存在一个地下空间开发量的临界值，使得超过此开发量的地面微气候出现不再改善或改善效率降低的情况，此值需要根据具体的城市指标情况对大量模型样本的计算数据进行分析取得。

2. 真实城市形态模型分析

（1）在真实城市形态模型中进行地下空间开发，随着地下空间开发规模的增加，地面微气候随之改善。

（2）在真实城市形态模型中，同样存在当地下空间开发量超过一定规模时，地面微气候改善效果下降的趋势，因此可以确认地下空间开发量临界点的存在。

（3）对比分析典型城市形态模型与真实城市形态模型的微气候指标变化规律可以发现，地下空间开发造成的真实城市形态地面微气候变化规律同样遵循典型城市形态模型得出的规律，只是在具体指标数值上存在区别。因此典型城市形态模型得出的框架性规律可以用来分析解释具体的地下空间开发方案，且具有一定的适用性。

（4）由于真实城市形态模型复杂，在地下空间开发地面建筑高度发生变化时，同时存在地面建筑形态的变化，可以取得比单纯进行建筑高度变化或增加地面绿化率更显著的微气候改善效果。而在进行建筑组合形式变化时，绿化率增加到一定程度后（形成半开敞式地面形态）的地面微气候改善效果对微气候的改善作用减弱。因此地下空间开发结合城市形态变化和下垫面材质变化能够取得最优的微气候改善效果。

（5）不同的下垫面属性对微气候有不同的改善效果，但是绿植是影响微气候的重要因素。在适当绿化率的基础上进行合理的下垫面材质选择，能够取得进一步优化地下空间的微气候改善效果。

此研究规律结论是框架性的适用性规律，若要应用到具体的地下空间开发方案，则需要在具体城市实际背景下对各指标参数进行细化研究，通过对大量的模型样本计算与分析确定地下空间开发要素与各项指标的实际取值范围。

第6章

结论与展望

6.1　结论

本研究结合国内外城市规划及城市问题研究领域的最新成果及交叉学科发展前沿——城市规划、建筑学及城市气候学的研究成果，将城市微气候问题引入地下空间学科领域，对城市地下空间开发对城市微气候影响的理论课题进行了探索，以城市微气候指标作为量化指标和突破点，完成了地下空间开发对城市微气候的影响机理、影响因素及量化评价的系统研究。本研究进行的主要工作与结论总结如下。

1. 城市地下空间开发对城市微气候的影响机理研究

在分析城市能量平衡系统及城市微气候改变原理的基础上，从地下空间开发对城市形态要素的影响、地下空间开发对城市下垫面构成的影响、地下空间内部环境质量控制对地面环境质量的影响三个方面，对地下空间开发对城市微气候的影响进行了分析。从两个层面总结了城市地下空间开发影响城市的微气候的机理：第一，地下空间的开发及立体化城市形态的形成改变了城市的空间几何因素和下垫面属性；第二，地下空间的内部环境控制形成了新的人为排热、废气排放因素，进而影响城市室外微气候，并构建了地下空间开发与城市微气候指标的关联图（图6-1）及地下空间对城市微气候的影响系统图（图6-2）。

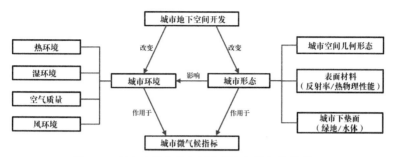

图 6-1　地下空间开发与城市微气候指标的关联图

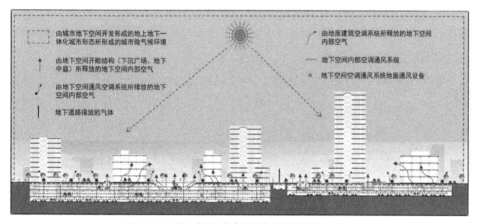

图 6-2　地下空间对城市微气候的影响系统图

2. 地下空间开发区域城市微气候实验研究

本研究完成了南京市河西中央公园微气候实测与南京博物院地下中庭微气候实测实验，通过实验数据分析城市地下空间开发区域室外微气候的特征和效果。

通过对实验数据的分析，证明了由地下空间的开发而得到改善的城市下垫面，能够改善并形成良好的地面微气候，创造良好的市民室外活动空间。由地下空间开发所形成的下沉空间形态，能够对太阳辐射形成遮挡作用，改善下沉空间内的微气候，使下沉空间内的温度比地面温度降低 1.6～2.5℃，并且能够对下沉空间周围的地面微气候产生一定的改善作用。

通过对南京市河西中央公园下垫面实测温度进行 ENVI-met 对比校验，验证了 ENVI-met 的模拟值及曲线演化趋势符合实验数据的要求。由于误差在 ±3% 之内，因此能够准确模拟南京夏季室外微气候的逐时变化状况，其模拟精度与准确度能够满足研究课题对城市地下空间开发分析模型进行数值计算的需要与要求。

3. 地下空间开发对城市下垫面及城市微气候的影响研究

本书以城市中心区的地下停车开发为例，分析研究了地下空间开发对城市下垫面及微气候的改善效果，证明了城市地下空间开发能够通过实施用地控制、调整下垫面形式、优化景观结构达到改善城市地面绿化、提高城市地面环境、减弱城市热岛效应的效果。

本书通过地下空间开发对城市下垫面的影响原理分析，证明了地下空间开发能够节约地面土地进行景观和绿化建设，为城市增加绿化容量。绿地面积的增加能够直接降低潜热热流，对能量的分布产生影响，并且能够影响城市的密度、粗糙度、反射率、导热率等城市热能量交换的因素，从而减少地表蓄热量、减少日间热容量并转移夜间热岛效应。

本书通过对不同地下空间开发量所形成的下垫面模型的模拟分析，证明了地下空间开发后最高风速能够下降 0.6~0.8m/s；空气相对湿度能够增加 8%~10%，且昼夜变化差异降低；空气最高温度能够降低 1.5℃，平均温度降低 0.67℃；随着地下空间开发量的增加、地表下垫面特征的变化和绿化率的增加，该区域的城市热岛效应能够得到有效改善。

通过对室外热环境指标 MRT 的变化分析可知，太阳辐射的强弱对室外热环境的质量起主要影响作用，其中直接太阳辐射对 MRT 值起决定作用，其强弱的大小变化决定了 MRT 值的分布。地下空间开发若要起到改善区域热环境的效果，则需要对城市用地进行有效的绿化景观设计，对人的活动区域的太阳辐射形成有效的遮挡。

4. 地下空间开发对城市形态及城市微气候的影响研究

本书从城市地上地下立体化开发的视角，归纳了地下空间开发改变城市形态的两种基本方式：建筑高度变化与建筑组合形式变化，构建了地下空间开发对典型城市形态与真实城市形态在建筑高度变化与建筑组合形式变化作用下所形成的 40 个基本单元分析模型，并利用 ENVI-met 对所有模型进行微气候模拟计算。结合城市环境与城市形态的研究成果理论，利用量化数据得到了地下空间开发对城市形态及下垫面综合产生的改变所造成的对城市微气候影响的框架性规律，并证明了该规律的适用性。

本书证明了存在一个地下空间开发量的临界值，使得超过此开发量的地面微气候出现不再改善或改善效率降低的情况。此研究发现，通过地下空间开发改变城市形态能够有效改善地面微气候，地面微气候随着地下空间开发量的增加而改善，但是改善的效果随着地下空间开发量的增加呈递减趋势。一般地，地面街区层峡高宽比为 2 时的地下空间开发量及地面绿化率为 50%（或形成半开敞式地面形态）的地下空间开发量对地面微气候的改善是最有效的。超过此开发量，地面微气候改善效果下降。

本书还证明了地下空间开发结合城市形态变化和下垫面材质变化能够取得显著的微气候改善效果；且在保证适当的绿化率的基础上，选择合理的下垫面材质，能够取得进一步优化城市微气候的效果。

6.2　展望

若要进一步探索城市地下空间开发对城市微气候的影响机理、影响效果及影响规律，还需要对以下两个方面开展深入研究。

1. 地下空间开发对城市微气候指标影响的定量分析问题

本书研究得到的是框架性的适用性规律，若要应用到具体的地下空间开发方案，则需要在具体城市实际背景下对各指标参数进行细化研究。采用实验观测与仿真模拟结合的方法，在微气候、热安全及热舒适度 3 个层面上，对地下空间开发各要素（开发量、开发深度、开发层数、布局方式、下沉空间、地下空间属性）及城市微气候评价指标［风场、温度、相对湿度、平均辐射温度（MRT）、热强度指标（HI）、标准等效温度（SET）、生理等效温度（PET）及热舒适〕之间的影响关系进行定量的系统研究。本书通过对大量的模型样本的计算与分析，确定了地下空间开发要素与各项指标的实际取值范围。

2. 地下空间通风空调及环境控制系统对城市微气候的影响问题

在 2.4 节所确定的地下空间开发对城市微气候影响的关键问题中，本书主要对前两个问题进行了研究，对于第三个问题——地下空间通风空调及环境控制系统对城市微气候的影响，由于时间和篇幅所限，本书并未涉及。

但是随着城市空间构成的变化及部分城市功能的地下化，人的部分城市活动也将转移到地下。为满足人在地下空间的活动而进行的地下空间内部环境控制将产生大量的地下排热、排湿以及废气排放。因此，地下空间内部热湿环境控制及空气质量控制对城市地面环境造成的负面影响也必须作为研究对象进行重点研究。

6.3 结语

地下空间开发对城市的影响作用分布于城市地上地下立体融合系统的各项要素之中。长期以来，国内外对于开发城市地下空间可以在城市生态环境上起到的积极作用以及可能产生的消极影响还未有系统精确的论述。地下空间开发对城市生态环境的量化成果和有效措施研究，在地下空间开发利用领域迄今存在空白。

近年来，随着科学的发展与技术的进步，城市气候学、城市科学与建筑学的融合交叉领域的研究成果不断丰富，计算机软硬件技术的不断进步与计算机性能的快速提高，各种先进科研工具与方法的不断普及，为精确研究地下空间对城市环境、城市系统的各项指标要素的影响问题提供了契机。

在此基础上，本书借鉴城市规划、建筑科学及城市气候学的研究成果，将城市微气候问题引入地下空间学科领域，研究地下空间开发对城市微气候的影响机理与规律，以此作为地下空间开发对城市生态环境实效作用的系统评价尝试。

　　目前，在城市形态、时空演变、城市结构、组织适应力与效率、人的行为模拟等方面的研究日益发展，系统动力学及复杂系统理论已经开始应用到工程实践中，在 CFD（计算流体动力学）与城市环境模拟、地理信息系统、城市数字化，以及城市物质空间的数据化表述技术已经成熟，在各种尺度与复杂城市系统下的城市环境精准计算平台已经可以构建的背景下，结合城市形态学和城市气候学层面的研究，可以进一步利用计算机仿真研究各尺度的地上地下一体化复杂城市形态的城市微气候特征，解决地下空间开发的生物气候、规划与设计、交通及社会的优化问题，提高气候变化下城市发展的可持续性。

附录 1

城市形态单元模型尺寸参数

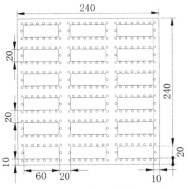

（a）并列式城市形态模型尺寸

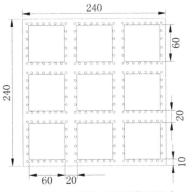

（b）点式城市形态模型尺寸

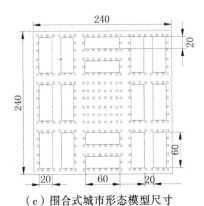

（c）围合式城市形态模型尺寸

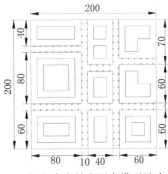

（d）真实城市形态模型尺寸

注：模型尺寸单位 m。

附录 2

部分城市形态单元模型微气候参数测点数据

表 1

| 模型编号：DBG0 | | | | 微气候指标：温度 /K | | | |
时间	测点 1	测点 2	测点 3	测点 4	测点 5	测点 6	测点 7	测点 8
7：00	292.88	292.85	292.8	293.01	292.84	292.93	292.9	292.79
8：00	294.76	294.78	294.58	295.25	294.78	294.87	294.89	294.66
9：00	298.13	298.46	297.72	298.61	298.15	298.13	298.26	297.78
10：00	300.63	301.22	299.84	301.14	300.63	300.77	300.91	300.02
11：00	301.75	302.47	300.79	302.23	301.75	301.92	302.21	301.05
12：00	302.65	303.46	301.56	303.03	302.67	303.15	303.56	301.94
13：00	303.12	303.88	301.97	303.31	303.14	303.63	304.04	302.4
14：00	303.07	303.81	302.01	303.24	303.11	303.28	303.6	302.31
15：00	302.82	303.52	301.86	302.97	302.88	302.9	303.12	302.09
16：00	302.25	302.82	301.42	302.37	302.33	302.25	302.41	301.62
17：00	301.03	301.29	300.48	300.9	301.26	300.97	301.07	300.73
18：00	299.69	299.84	299.35	299.57	299.83	299.64	299.65	299.51
19：00	298.21	298.3	298.02	298.13	298.21	298.16	298.07	298.08
20：00	297.08	297.14	296.96	297.01	297.06	297.03	296.96	296.97

表 2

模型编号：DBG0				微气候指标：MRT/K			
时间	测点 1	测点 2	测点 3	测点 4	测点 5	测点 6	测点 7	测点 8
7：00	295.43	295.41	295.45	332.88	295.38	293.92	294.87	294.99
8：00	340.19	338.32	338.34	341.04	340.07	337.28	297.68	297.79
9：00	343.41	343.33	343.35	343.61	343.14	341.97	300.18	300.2
10：00	342.59	342.64	342.56	342.66	342.36	340.77	302.13	302.01
11：00	339.17	339.35	339.16	339.13	338.9	336.16	320.82	320.62
12：00	335.77	336.04	334.27	335.56	335.56	332.55	331.28	332.05
13：00	339.58	339.66	336.01	339.08	339.32	336.96	336.11	336.49
14：00	344.91	344.87	341.49	344.35	344.75	342.26	305.69	306.36
15：00	347.99	346.69	346.07	347.63	347.79	344.61	304.87	305.06
16：00	347.58	347.89	347.49	346.53	346.62	344.13	303.01	303.6
17：00	305.44	305.62	304.23	304.88	337.12	302.55	300.58	301.32
18：00	299.9	299.91	299.14	299.37	300.57	296.88	296.16	296.86
19：00	293.53	293.51	292.99	293.07	293.87	291.13	290.46	291.04
20：00	292.22	292.18	291.84	291.87	292.41	290.15	289.62	290.1

表 3

时间	模型编号：DBZ3L				微气候指标：MRT/K			
	测点 1	测点 2	测点 3	测点 4	测点 5	测点 6	测点 7	测点 8
7：00	290.68	290.17	290.32	332.78	332.69	292.43	326.18	294.37
8：00	331.18	331.02	330.88	340.72	340.83	338.96	329.62	301.15
9：00	333.48	333.29	333.18	343.23	343.24	341.09	301.51	340.53
10：00	330.93	330.67	330.54	342.16	342.17	340.14	339.17	309.42
11：00	325.79	325.45	325.35	338.51	338.54	304.87	333.85	333.97
12：00	321.37	320.99	320.97	334.87	335.02	332.36	331.4	331.06
13：00	325.51	325.09	325.05	338.36	338.71	336.6	334.23	334.41
14：00	331.89	331.57	331.46	343.82	344.11	342.1	304.27	304.19
15：00	335.95	335.67	335.76	346.96	347.32	345.3	302.57	302.73
16：00	336.39	335.8	335.89	346.57	347.09	345.03	301.11	301.37
17：00	296.21	295.82	295.55	341.18	341.62	302.61	298.63	298.7
18：00	292.14	292.92	291.83	299.19	304.87	297.13	294.41	294.6
19：00	287.9	287.81	287.78	292.54	293.1	296.19	289.38	289.53
20：00	287.13	287.14	287.15	291.16	291.68	290.13	288.53	288.66

表 4

模型编号：DWG0				微气候指标：温度 /K			
时间	测点 1	测点 2	测点 3	测点 4	测点 5	测点 6	测点 7	测点 8
7：00	292.51	292.64	292.62	292.68	292.59	292.62	292.66	292.7
8：00	293.59	293.74	293.5	293.79	293.89	293.86	294.11	293.95
9：00	296.01	296.39	295.94	295.99	296.11	296.31	296.57	296.24
10：00	298.19	299.11	298.01	298.02	298.25	298.34	298.83	298.33
11：00	299.07	300.16	298.79	298.88	299.21	299.15	299.81	299.14
12：00	300.05	301.16	299.6	300.03	300.46	300.07	301.28	300.32
13：00	300.5	301.6	300.05	300.48	300.96	300.42	301.63	300.74
14：00	300.25	301.52	299.98	299.94	300.39	300.04	300.85	300.22
15：00	299.85	301.13	299.69	299.53	299.92	299.63	300.27	299.81
16：00	299.19	299.96	299.04	299.04	299.33	299.11	299.59	299.26
17：00	298.39	298.98	298.35	298.38	298.55	298.42	298.65	298.54
18：00	297.44	298	297.51	297.48	297.55	297.53	297.58	297.51
19：00	296.26	296.67	296.43	296.36	296.29	296.38	296.29	296.35
20：00	295.36	295.69	295.56	295.46	295.38	295.48	295.38	295.45

表 5

模型编号：DWZ3L				微气候指标：MRT/K			
时间	测点 1	测点 2	测点 3	测点 4	测点 5	测点 6	测点 7	测点 8
7：00	290.57	290.01	290.15	294.98	295.14	292.08	292.08	308.86
8：00	293.69	330.92	293.28	305.33	338.64	302.58	338.27	340.78
9：00	333.31	332.99	332.95	342.56	342.96	340.05	340.57	343.18
10：00	330.75	330.41	330.34	341.71	342.01	338.82	339.21	342.04
11：00	325.79	325.42	325.34	338.11	338.44	334.89	335.26	338.33
12：00	321.37	320.97	320.91	334.56	334.95	331.1	331.45	334.71
13：00	325.49	325.09	325.06	338.19	338.67	334.79	335.1	338.3
14：00	331.88	331.48	331.49	343.55	344.08	340.29	340.49	343.65
15：00	335.88	335.47	335.53	346.67	347.27	343.55	343.67	346.79
16：00	300.1	335.82	299.58	346.38	347.03	306.6	343.46	346.51
17：00	296.02	295.6	295.62	303.61	304.42	299.65	300.05	341.04
18：00	292.18	291.81	291.87	298.26	299.03	295.1	295.27	299.04
19：00	287.9	287.78	287.78	291.92	292.59	290.02	290.1	292.39
20：00	287.26	287.14	287.15	290.7	291.32	288.97	289.02	291.06

表 6

模型编号：SG0				微气候指标：温度 /K			
时间	测点 1	测点 2	测点 3	测点 4	测点 5	测点 6	测点 7	测点 8
7：00	293.57	293.47	293.55	293.6	293.57	293.57	293.51	293.4
8：00	296.68	296.28	296.61	296.69	296.9	296.4	296.41	295.99
9：00	301.25	300.73	301.18	301.18	301.72	300.99	300.83	300.35
10：00	306.16	305.43	306.01	306.07	306.59	305.85	305.38	304.88
11：00	309.82	308.8	309.74	310.1	310.16	309.3	308.65	308.09
12：00	312.51	311.32	312.71	313.1	312.75	311.81	311.2	310.63
13：00	313.8	312.6	314.11	314.49	314.06	313.09	312.49	311.87
14：00	313.78	312.69	314.03	314.18	314.15	313.15	312.61	311.83
15：00	312.64	311.71	312.73	312.89	313.1	312.07	311.7	310.89
16：00	311.47	310.59	311.51	311.68	311.97	311.01	310.71	309.97
17：00	310.2	309.48	310.25	310.41	310.65	309.84	309.61	309.03
18：00	308.34	307.91	308.44	308.59	308.74	308.14	307.97	307.61
19：00	306.4	306.12	306.45	306.58	306.67	306.37	306.14	305.96
20：00	304.9	304.7	304.93	305.05	305.11	304.92	304.71	304.59

表 7

模型编号：SG0				微气候指标：MRT/K			
时间	测点 1	测点 2	测点 3	测点 4	测点 5	测点 6	测点 7	测点 8
7：00	294.34	294.76	294.49	294.38	294.61	306.56	294	294.44
8：00	340.25	313.03	297.74	297.67	340.12	339.98	297.25	297.59
9：00	343.17	342.6	300.59	300.63	343.29	343.2	300.17	300.45
10：00	342.7	342.65	303.27	303.53	342.88	342.76	302.93	303.21
11：00	339.94	340	305.48	318.77	340.14	339.96	305.15	305.38
12：00	337.35	337.43	334.28	333.46	337.56	337.28	333.45	332.97
13：00	341.2	341.32	338.92	337.85	341.44	341.09	337.95	337.24
14：00	346.15	346.34	313.2	311.04	346.45	346.04	343.32	342.51
15：00	348.54	348.8	309.91	309.16	348.9	348.44	346.04	309.06
16：00	347.29	312.19	307.88	307.37	347.68	347.2	345.08	307.01
17：00	309.86	307.79	305.21	304.83	314.22	311.1	307.12	304.44
18：00	302.79	302.29	300.27	299.98	303.15	302.77	300.87	299.64
19：00	298.24	297.92	296.3	296.14	298.47	298.16	296.75	295.85
20：00	296.76	296.59	295.23	295.12	296.97	296.7	295.53	294.9

表 8

模型编号：SG2				微气候指标：风速 / (m·s⁻¹)			
时间	测点 1	测点 2	测点 3	测点 4	测点 5	测点 6	测点 7	测点 8
7：00	0.99	0.74	2	2.96	0.86	0.88	2.3	2.61
8：00	0.98	0.72	2	2.99	0.86	0.88	2.3	2.64
9：00	0.9	0.64	1.93	3.06	0.85	0.88	2.27	2.68
10：00	0.88	0.62	1.94	3.13	0.85	0.89	2.28	2.69
11：00	0.86	0.62	1.94	3.18	0.85	0.9	2.28	2.7
12：00	0.85	0.61	1.95	3.23	0.85	0.9	2.28	2.71
13：00	0.84	0.6	1.96	3.27	0.85	0.91	2.28	2.72
14：00	0.83	0.6	1.97	3.32	0.85	0.91	2.29	2.73
15：00	0.83	0.61	1.99	3.37	0.86	0.92	2.31	2.75
16：00	0.84	0.62	2.02	3.44	0.86	0.93	2.33	2.78
17：00	0.85	0.63	2.05	3.52	0.88	0.94	2.36	2.81
18：00	0.86	0.65	2.1	3.62	0.89	0.96	2.4	2.86
19：00	0.87	0.66	2.15	3.7	0.91	0.97	2.43	2.9
20：00	0.88	0.68	2.19	3.77	0.92	0.97	2.46	2.94

表 9

时间	模型编号：SG2				微气候指标：湿度 /%			
	测点 1	测点 2	测点 3	测点 4	测点 5	测点 6	测点 7	测点 8
7：00	83.12	80.85	82.78	84.77	82.74	80.56	81.21	80.11
8：00	85.5	83.44	85.84	87.85	85.17	82.77	84.09	83
9：00	84.2	82.78	85.07	87.55	83.43	82.28	83.33	82.75
10：00	78.97	77.42	80.03	82.94	77.86	77.59	78.09	77.84
11：00	77.22	75.32	77.72	80.87	75.92	76.19	75.8	75.65
12：00	76.95	74.88	76.53	80.25	75.46	76	74.88	74.82
13：00	76.49	74.27	75.53	79.32	74.91	75.62	74.12	74.15
14：00	76.05	73.79	74.93	78.84	74.4	75.24	73.63	73.92
15：00	75.58	73.59	75.33	78.83	74.03	74.7	73.77	74.08
16：00	76.01	74.35	76.06	79.17	74.5	75.14	74.53	74.88
17：00	77.45	76.45	77.63	80.13	76.15	76.91	76.29	76.55
18：00	79.64	78.4	79.4	81.44	78.33	79.07	78.5	78.49
19：00	81.98	80.91	81.75	83.34	81.08	81.33	81.07	80.89
20：00	83.32	82.33	83.08	84.49	82.52	82.72	82.46	82.29

表 10

模型编号：SG2L				微气候指标：温度 /K			
时间	测点 1	测点 2	测点 3	测点 4	测点 5	测点 6	测点 7	测点 8
7：00	292.64	292.73	292.6	292.57	292.67	292.93	292.67	292.79
8：00	293.68	293.58	293.55	293.57	293.7	293.85	293.55	293.58
9：00	295.6	295.4	295.41	295.46	295.62	295.69	295.39	295.34
10：00	298.31	298.12	298.06	298.15	298.25	298.34	298.02	297.96
11：00	299.59	299.39	299.44	299.56	299.52	299.57	299.32	299.24
12：00	300.56	300.34	300.48	300.64	300.46	300.52	300.3	300.21
13：00	301.06	300.87	301.05	301.19	300.98	301	300.84	300.75
14：00	300.88	300.76	300.9	300.96	300.85	300.81	300.73	300.61
15：00	300.37	300.29	300.3	300.34	300.36	300.31	300.22	300.09
16：00	299.7	299.63	299.61	299.64	299.71	299.67	299.58	299.46
17：00	298.98	298.88	298.89	298.94	298.98	298.96	298.88	298.82
18：00	298.06	298.05	298.03	298.08	298.1	298.11	298.01	298.02
19：00	297.11	297.16	297.1	297.14	297.16	297.23	297.1	297.14
20：00	296.47	296.53	296.47	296.49	296.54	296.59	296.48	296.53

表 11

模型编号：SG2L				微气候指标：风速 /（m·s⁻¹）			
时间	测点 1	测点 2	测点 3	测点 4	测点 5	测点 6	测点 7	测点 8
7：00	0.92	0.76	1.98	2.88	0.85	0.88	2.34	2.56
8：00	0.91	0.74	1.98	2.9	0.84	0.88	2.35	2.59
9：00	0.82	0.67	1.92	2.9	0.82	0.87	2.33	2.61
10：00	0.8	0.65	1.93	2.96	0.81	0.88	2.33	2.62
11：00	0.79	0.65	1.94	3.01	0.81	0.88	2.33	2.63
12：00	0.78	0.64	1.94	3.05	0.81	0.89	2.33	2.64
13：00	0.77	0.63	1.94	3.1	0.8	0.89	2.34	2.64
14：00	0.76	0.63	1.95	3.14	0.8	0.9	2.34	2.66
15：00	0.76	0.64	1.97	3.2	0.8	0.9	2.36	2.68
16：00	0.77	0.64	1.99	3.27	0.8	0.91	2.38	2.71
17：00	0.78	0.65	2.02	3.34	0.81	0.92	2.41	2.74
18：00	0.79	0.66	2.05	3.43	0.82	0.93	2.44	2.78
19：00	0.8	0.68	2.09	3.51	0.83	0.94	2.47	2.82
20：00	0.81	0.69	2.13	3.58	0.84	0.95	2.49	2.86

表 12

模型编号：SZ2L				微气候指标：温度 /K			
时间	测点 1	测点 2	测点 3	测点 4	测点 5	测点 6	测点 7	测点 8
7：00	292.59	292.62	292.82	292.57	293.01	292.81	292.74	292.67
8：00	294.51	294.36	294.92	294.33	295.57	294.51	294.63	294.18
9：00	297.43	297.24	298.22	297.3	298.6	297.59	297.59	297.04
10：00	301.57	301.29	302.13	301.41	302.33	301.72	301.48	300.94
11：00	304.13	303.81	304.6	304.24	304.71	304.22	303.91	303.37
12：00	305.8	305.48	306.22	306.13	306.14	305.64	305.6	305.11
13：00	306.69	306.39	307.04	307.1	306.93	306.38	306.43	305.97
14：00	306.62	306.4	306.83	307.04	306.99	306.38	306.33	305.86
15：00	305.75	305.61	305.75	306.07	306.16	305.47	305.37	305.09
16：00	304.59	304.43	304.66	304.88	305.15	304.4	304.34	304.08
17：00	303.36	303.26	303.56	303.38	303.94	303.27	303.28	302.99
18：00	301.89	301.92	302.18	301.92	302.42	301.84	301.95	301.72
19：00	300.42	300.5	300.68	300.48	300.83	300.51	300.51	300.42
20：00	299.36	299.45	299.56	299.42	299.63	299.48	299.44	299.43

表 13

模型编号：SZ3L				微气候指标：MRT/K			
时间	测点 1	测点 2	测点 3	测点 4	测点 5	测点 6	测点 7	测点 8
7：00	291.45	299.31	292.47	292.42	294.36	306.33	291.86	292.43
8：00	337.9	337.77	295.46	295.32	340.02	339.6	294.85	295.27
9：00	340.28	340.31	307.59	297.87	342.74	342.44	339.8	297.78
10：00	339.36	339.36	323.73	300.41	332.41	341.7	339.04	300.33
11：00	313.08	335.98	318.26	316.05	337.03	314.11	335.65	302.33
12：00	328.38	332.72	332.25	331.51	335.14	334.28	332.34	331.06
13：00	336.01	336.58	336.64	336.17	334.84	338.65	336.18	335.55
14：00	314.34	341.95	309.34	341.8	330.83	316.93	341.54	341.22
15：00	344.08	344.88	306	315.89	346.75	346.27	344.33	344.35
16：00	343.89	305.72	303.86	326.2	346.52	346.12	343.88	321.11
17：00	304.65	301.78	301.21	301.82	311.22	318.77	303.07	301.87
18：00	297.49	297.24	296.93	297.08	300.07	299.64	297.44	315.79
19：00	292.93	292.83	292.46	292.52	294.48	294.13	292.88	292.72
20：00	291.75	291.74	291.49	291.5	293.16	292.87	291.75	291.64

注：0K=−273.15℃。

附录 3

部分城市形态单元模型微气候参数变化云图

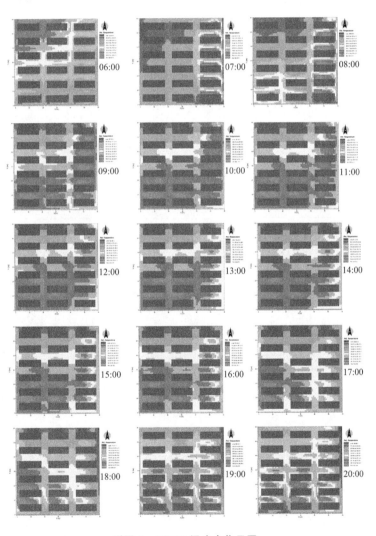

附图 1　DBG0 温度变化云图

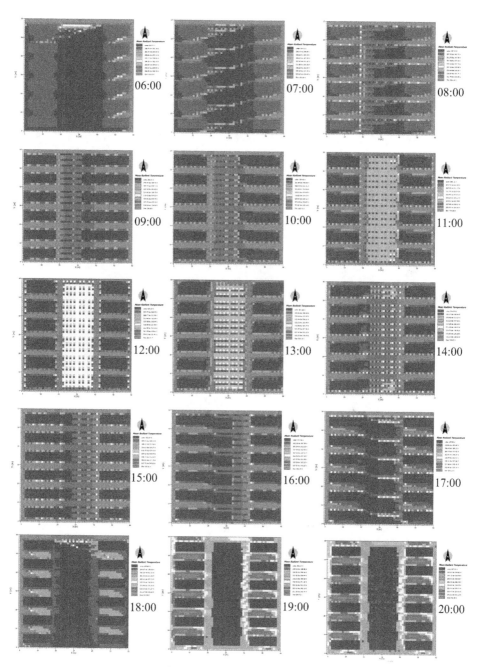

附图 2　DBZ3L MRT 变化云图

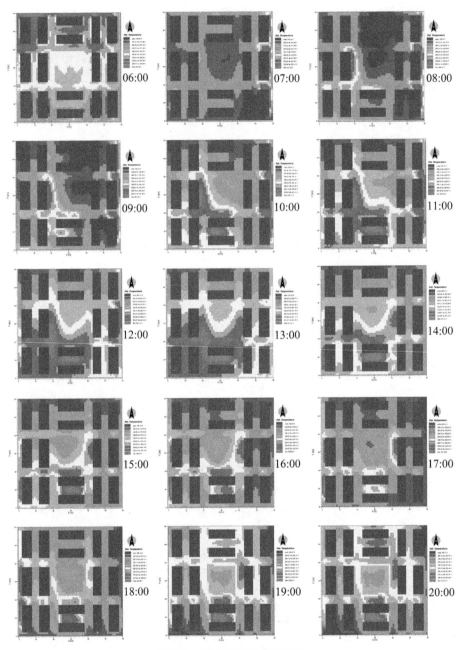

附图3 DWG0温度变化云图

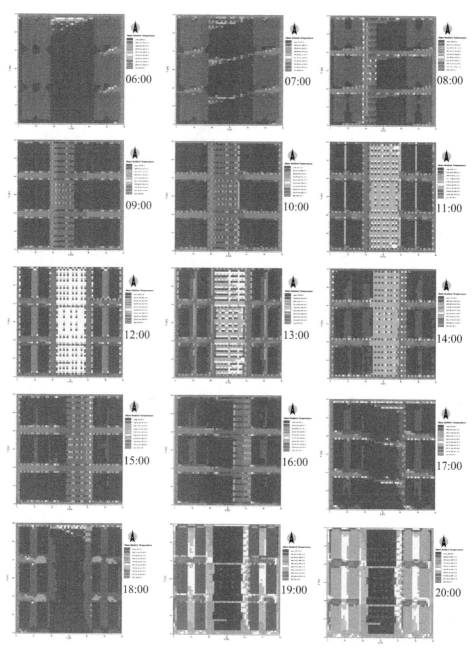

附图 4　DWZ3L MRT 变化云图

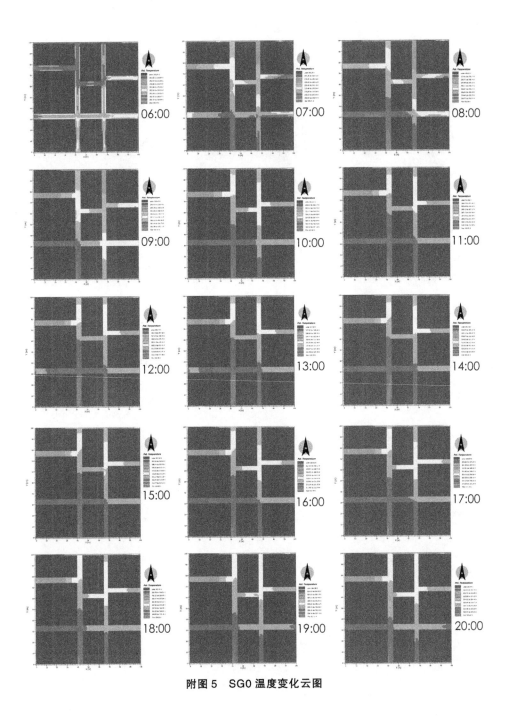

附图 5　SG0 温度变化云图

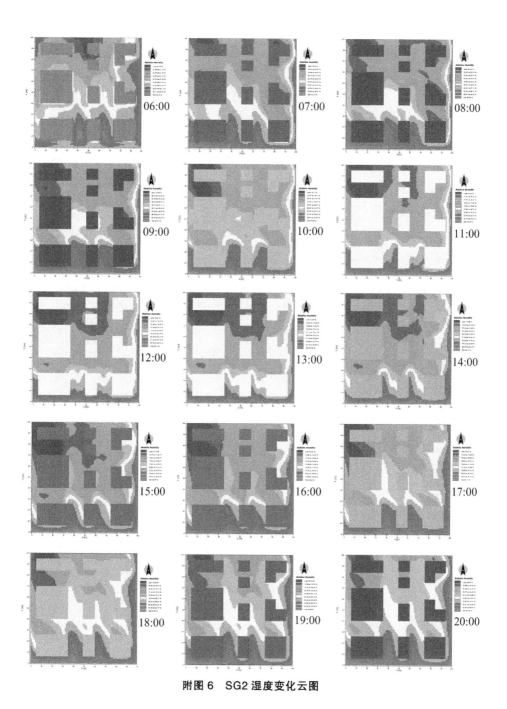

附图 6 SG2 湿度变化云图

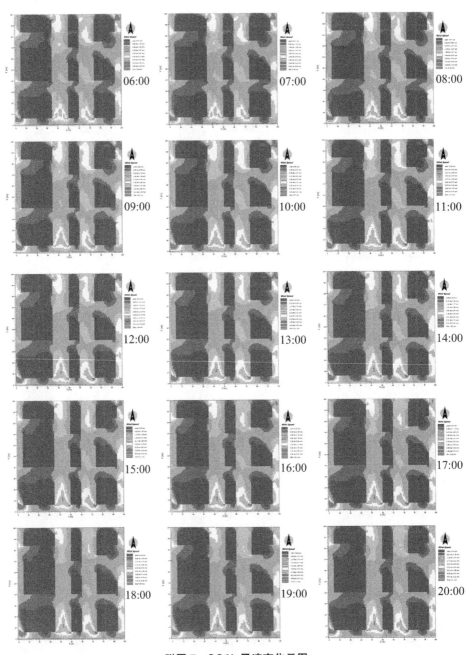

附图 7　SG2L 风速变化云图

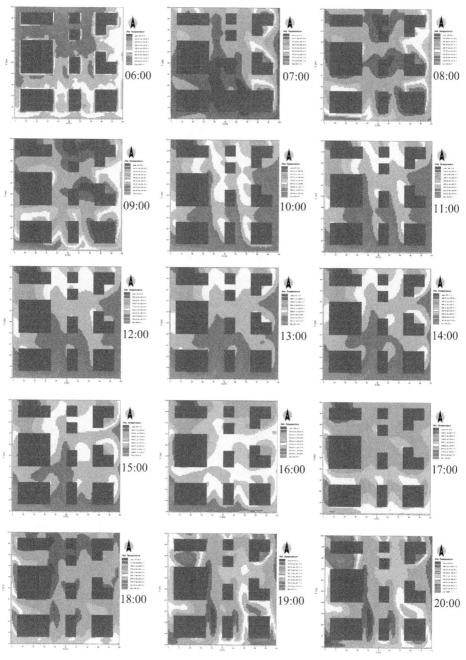

附图 8　SG2L 湿度变化云图

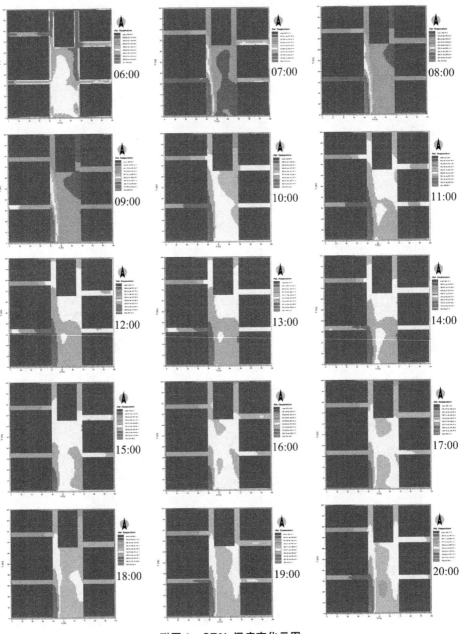

附图9 SZ2L 温度变化云图

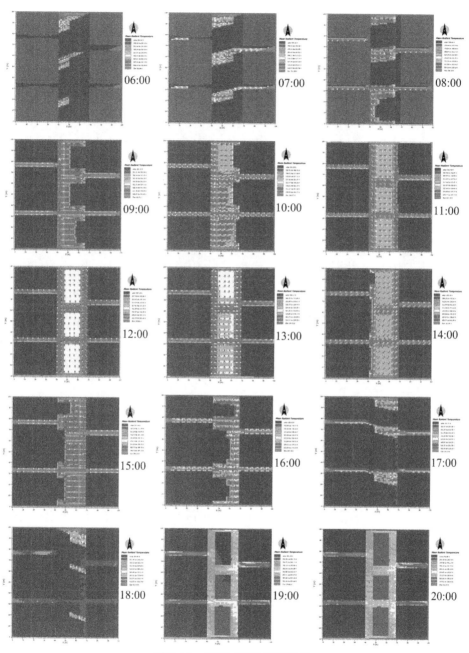

附图 10　SZ3L MRT 变化云图

参考文献

[1] MAGEE N, CURTIS J, WENDLER G. The urban heat island effect at Fairbanks, Alaska[J]. Theoretical and Applied Climatology, 1999（64）: 39-47.

[2] 中华人民共和国住房和城乡建设部. 城市地下空间开发利用"十三五"规划 [EB/OL]. （2016-05-25）[2018-04-22].https: //www.mohurd.gov.cn/gongkai/zhengce/zhengcefilelib/201606/20160622_227841.html.

[3] THOMPSON K, ROHENA J, BARDOW A K, et al. Best Practices For Roadway Tunnel Design, Construction, Maintenance, Inspection, And Operations[R]; American Association of State Highway and Transportation Officials: Washington D C, USA, 2011.

[4] 国家自然科学基金委员会, 中国科学院. 未来10年中国学科发展战略（工程科学）[M]. 北京: 科学出版社, 2012.

[5] CHANGNON S A, KUNKEL K E, REINKE B C. Impacts and responses to the 1995 heat wave: A call to action[J]. Bulletin of the American Meteorological society. 1996, 77（7）: 1497-1506.

[6] CHEN F, YANG X, ZHU W. WRF simulations of urban heat island under hot-weather synoptic conditions: The case study of Hangzhou City, China[J]. Atmospheric Research, 2014（138）: 364-377.

[7] DRISCOLL L. Parasitological Analysis: 1995 Samples Central Artery/Third Harbor Tunnel Project, Boston, Massachusetts. Cross Street-Feature 4[R]. Report submitted to Timelines. Inc., Littleton, MA, 1995.

[8] KUYKENDALL J R, SHAW S L, PAUSTENBACH D, et al. Chemicals present in automobile traffic tunnels and the possible community health hazards: a review of the literature[J]. Inhalation Toxicology, 2009, 21（9）: 747-792.

[9] 刘红年, 蒋维楣, 徐振涛, 等. 城市中心街道交通隧道废气排放模拟 [J]. 中国环境科学, 1998（6）: 494-497.

[10] 王军, 张旭, 张荣鹏. 城市长大隧道集中排放的环境影响分析 [J]. 地下空间与工程学报, 2009, 5（1）: 196-200.

[11] 郭强. 城市地下道路废气排放口污染物扩散特性研究 [D]. 北京: 北京工业大学, 2008.

[12] 姜铧, 陈志龙. 城市地下交通建设项目社会效益和环境效益货币化方法研究 [J]. 岩石力学与工程学报, 2003, 22（S1）: 2434-2437.

[13] 埃雷尔, 珀尔穆特, 威廉森. 城市小气候: 建筑之间的空间设计 [M]. 叶齐茂, 倪晓晖, 译. 北京: 中国建筑工业出版社, 2014.

[14] GARRATT J R. The Atmospheric Boundary Layer[M]. Cambridge: Cambridge University Press, 1992.

[15] PRIESTLEY C, TAYLOR R. On the assessment of surface heat flus and evaporation using large scale parameters[J]. Monthly Weather Review, 1972, 100（2）: 81-92.

[16] BRUTSAERT W, STRICKER H. An advection-aridity approach to estimate actual regional evapotranspiration[J]. Water Resources Research, 1979, 15（2）: 443-450.

[17] GRIMMOND C S B, OKE T R. Heat storage in urban areas: Local-scale observations and evaluation of a simple model[J]. Journal of Applied Meteorology, 1999（38）: 922-940.

[18] OKE T R. Boundary layer climate[M]. Cambridge: Great Britain at the University Press, 1987.

[19] GRIMMOND C S B, OKE T R.Turbulent heat fluxes in urban areas: observations and a local-scale urban meteorological parameterization scheme (LUMPS)[J]. Journal of Applied Meteorology, 2002, 41（7）: 792-810.

[20] OKE T R, JOHNSON G T, STEYN D G, et al. Simulation of surface urban heat island under 'ideal' conditions at night. Part 2: Diagnosis of causation[J]. Boundary-Layer MeteoroLogy, 1991, 56（4）: 339-358.

[21] MATTHIAS R. Review of urban climate research in（sub）tropical regions[J]. International Journal of Climatology, 2007, 27（14）: 1859-1873.

[22] SAILOR D J. Simulations of annual degree day impacts of urban vegetative augmental[J]. Atmospheric Envirment, 1998, 32（1）: 43-52.

[23] TAHA H, DOUGLAS H, HANEY J. Mesoscale meteorological and air quality impacts of increased urban albedo and vegetation[J]. Energy and Buildings, 1997, 25（2）: 169-177.

[24] KRUEGER E L, PEARLMUTTER D. The effect of urban evaporation on building energy demand in an arid environment[J]. Energy and Buildings, 2008, 40（11）: 2090-2098.

[25] PEARLMUTTER D, KRUEGER E L, BERLINER P. The role of evaporation in the energy balance of an open-air scaled urban surface[J]. International Journal of Climatology, 2009（29）: 911-920.

[26] 中国工程院战略咨询中心, 中国岩石力学与工程学会地下空间分会, 中国城市规划学会.2020 中国城市地下空间发展蓝皮书 [M]. 北京: 科学出版社, 2021.

[27] 中国气象局气象信息中心气象资料室, 清华大学建筑技术科学系. 中国建筑热环境分析专用气象数据集 [M]. 北京: 中国建筑工业出版社, 2005.

[28] 林波荣. 绿化对室外热环境影响的研究 [D]. 北京: 清华大学, 2004.

[29] 王振. 夏热冬冷地区基于城市微气候的街区层峡气候适应性设计策略研究 [D]. 武汉: 华中科技大学, 2008.

[30] 陈卓伦. 绿化体系对湿热地区建筑组团室外热环境影响研究 [D]. 广州：华南理工大学，2010.

[31] 中华人民共和国公安部 https：//www.app.mps.gov.cn/gdnps/pc/content.jsp?id =8577652[2022-7-18].

[32] 2020 年中国国土绿化状况公报 [R/OL]，国家林业和草原局 .（2021-3-11）[2022-7-18]. https：//www.forestry.gov.cn/main/6247/20230131/165308837202511.html.

[33] GULYAS A，UNGER J，MATZARAKIS A. Assessment of the microclimatic and human comfort conditions in a complex urban environment：modelling and measurements[J]. Building and Environment，2006，41（12）：1713-1722.

[34] SERGE S. 城市与形态：关于可持续城市化的研究 [M]. 陆阳，张艳，译 . 北京：中国建筑工业出版社，2012.